"十一五"国家重点图书出版规划

薯、豆及油料作物食品加工法

主　　编：曾　强　曾美霞
副主编：胡　谦　冯加力　骆洪先
编写人员：龚纯英　丁建平　谭小迅
离文军　何　卫　毛昭勇　柳立新　陈　翔
杨焰辉

湖南科学技术出版社

图书在版编目(CIP)数据

薯、豆及油料作物食品加工法/曾强,曾美霞主编. ——长沙:湖南科学技术出版社,2010.8

(小康家园丛书)

ISBN 978－7－5357－6381－5

Ⅰ.①薯… Ⅱ.①曾…②曾… Ⅲ.①薯类制食品－食品加工②豆制食品－食品加工③油料作物－食品加工 Ⅳ.①TS215.04②TS214.04

中国版本图书馆 CIP 数据核字(2010)第 163276 号

小康家园丛书

薯、豆及油料作物食品加工法

主　　编:曾　强　曾美霞

责任编辑:彭少富　欧阳建文

出版发行:湖南科学技术出版社

社　　址:长沙市湘雅路 276 号

http://www.hnstp.com

邮购联系:本社直销科　0731－84375808

印　　刷:唐山新苑印务有限公司

(印装质量问题请直接与本厂联系)

厂　　址:河北省玉田县亮甲店镇杨五侯庄村东 102 国道北侧

邮　　编:064101

出版日期:2017 年 10 月第 1 版第 2 次

开　　本:850mm×1168mm　1/32

印　　张:5

字　　数:115000

书　　号:ISBN 978－7－5357－6381－5

定　　价:20.00 元

目　录

一、薯类制品

二、豆类制品

三、花生制品

四、芝麻制品

五、其他类制品

一、薯类制品

（一）红薯脯

1. 原料

红薯、白砂糖。

2. 工艺流程

选料→去皮→切块→糖煮→糖渍→控糖→烘烤→整形→包装→成品

3. 制作方法

（1）选料：选用直径5厘米以上完好的新鲜红薯，用不锈钢刀挖去伤迹和根须。

（2）去皮：用去皮机或手工将薯皮去掉。去皮约1毫米厚，只留薯心。

（3）切块：用不锈钢刀将红薯切成长方形或菱形等多种形状，长度不超过5厘米，不要切细条，以防煮烂。切后用清水洗去附在薯块表面的碎屑及淀粉。

（4）糖煮：以50千克的薯块为基数，在铜锅或不锈钢锅中加水75千克，加入质量好的白砂糖20～25千克，蜂蜜1～1.5千克，柠檬酸100克，搅拌溶化，加热煮沸，并不断上下翻动，煮沸约30分钟，煮至薯块熟而不烂为度。

（5）糖渍：将煮制好的薯块和糖液一同出锅，移入缸内浸渍24～30小时，使薯块进一步吸收糖液。

（6）控糖：将糖渍的薯块捞出，单层干摊（不叠压）于笼屉内，控干多余的糖液。

(7) 烘烤：把笼屉送入烘房烘烤，温度要控制在 50℃～60℃，最高不要超过 70℃。在烘烤过程中，每隔 2 小时要进行 1 次排潮，同时要经常调整笼屉的上下位置及翻动薯脯，使烘烤受热均匀。连续烘烤 12～15 小时，使薯脯水分含量降至 16%～18%，薯脯呈半透明状，并富有弹性，手压不黏，即可出烘房。

(8) 整形、包装：将烘烤合格的薯脯出烘房晾凉后，挑去碎屑和不成形的小块，分装密封即为成品。

4. 产品特点

红薯脯是一种食用方便的糖渍蜜饯类，其味道甜美，色泽橙黄晶莹。

(二) 莲城地瓜干

1. 原料

红薯。

2. 工艺流程

选料→蒸熟→去皮→烘烤→包装→成品

3. 制作方法

(1) 选料：挑选红心、含糖量高、纤维细、含水分适量的红薯为原料，使制品色味兼优。

(2) 蒸熟：将红薯用旺火蒸至八成熟。蒸得太久则过烂，不易成形，不熟难以剥皮，影响外观。

(3) 去皮：蒸后趁热剥去外皮。

(4) 烘烤：分为初烤与烘干两个阶段。初烤时，将去皮熟薯摊排于烤盘上，离火 50 厘米，烤至三成干时，压扁整形；然后继续烤干，但要保持微火，烤至九成干即可。一般烤后 7 天左右，再行复烤 5～6 小时，则可久藏不坏。

(5) 包装：包装入库，即为成品。注意防潮。

4. 产品特点

本地瓜干色泽黄红，质地软韧，味道甜美，可做馈赠亲友的礼品和宴席上的美食；还是福建省大宗的出口名特产之一，畅销东南亚和北美洲等国家，深受欢迎。

（三）优质红薯干

1. 原料

鲜红薯。

2. 工艺流程

选薯→清洗→蒸煮→剥皮→切条→火烤→上霜→包装→成品

3. 制作方法

（1）选薯：选择表皮光滑、无虫孔、无破烂、无异味的鲜薯，大小以100～500克为宜。

（2）清洗：用水将红薯表面泥土清洗干净。清洗时以冲洗为好，不要损伤表面细皮。

（3）蒸煮：将洗净的红薯按大小分批放到蒸笼里蒸煮。蒸煮时，火要旺。蒸煮时间的长短应以红薯不要过软为宜，以利后来的切条和保证薯干不变色。

（4）剥皮：蒸煮好的红薯待冷却后进行剥皮，以剥净表皮为度。

（5）切条：将去了皮的薯块切成长条，以切成薄长条为宜，其厚度为1～3厘米。

（6）火烤：将切好的薯条放在火烤架上进行烘烤，不要两块重叠，火烤架以竹编为好。开始火可稍旺点，当烤至半干时，逐渐转为小火。当烤至八成熟时，应取下冷却，放一块入嘴，嚼起来有软而绵的感觉即可。

（7）上霜：待烤好的薯条充分冷却后，放入瓷坛或其他能密封的容器，封半个月左右，薯条表面就会自然长出一层白霜，这是“薯霜”，是薯条里面溢出来的薯糖，不要误以为长了霉。

（8）包装：上了霜的薯条即薯干，用塑料袋定量包装，即为成品。

4. 产品特点

本产品风味独特，香甜可口，有咀嚼感，表面呈白色，内呈琥珀色。

（四）香酥薯片

1. 原料

红薯、粗砂粒或食用植物油。

2. 工艺流程

选料→清洗→去皮、切片→浸泡→晒干→炒制（或油炸）→过筛（或沥油）→冷却→包装

3. 制作方法

（1）选料、清洗：挑选新鲜红薯，剔除霉烂变质的，然后用流动水清洗干净。

（2）去皮、切片：用剥皮机或人工剥去皮层，再将其切成 2 厘米厚的薯片。

（3）浸泡：将薯片置于清水中浸泡 10 分钟，洗去碎屑和淀粉。

（4）晒干：将洗净的薯片摊铺于席上晒干。

（5）炒制：选用洁净的粗砂粒置于热锅上先炒至 85℃，然后将薯片投入砂中，反复炒拌，炒约 15 分钟后起锅。倒在竹筛上，除去砂粒，让半熟薯片回饧一下，最后再置于 97℃的热砂中，复炒至起泡发胀，起锅过筛即可。或用油炸，即将晒干的薯片投入烧热的食用植物油锅内，至炸黄起泡即捞出沥油。

（6）冷却、包装：待薯片冷却后，便可包装出售。

4. 产品特点

无论用砂粒炒制或油炸，该薯片其味均香，质地酥软，是独具风味的方便食品。

（五）红薯米锅巴

1. 原料

红薯、糯米、糖、芝麻。

2. 工艺流程

选料→预处理→蒸制→捣泥→抹泥→干燥→炸制→包装→成品

3. 制作方法

（1）选料及预处理：选择新鲜、无机械损伤、含干物质多的红薯 10 份，切去根茎，利用清水洗净。另选黏性强的糯米 1 份，用水淘洗干净后浸泡 30 分钟，捞出沥干水分。

（2）蒸制：把红薯和糯米分别放入锅中，加水，用大火蒸煮至熟透备用。

（3）捣泥：把熟透的红薯和糯米趁热倒入木桶中，迅速用木棍或其他工具将其捣成泥糊状；同时加入少量的浓糖水，以增加甜度和风味。

（4）抹泥：取干净的白布平铺于晒垫上，四角用重物压住。再将捣匀的泥糊慢慢倒在白布上，迅速用抹灰用的抹子（要预先洗净消毒）用力按抹均匀。抹得越薄越好，然后在抹平的泥糊上撒上一层芝麻。

（5）干燥：两人分别提起白布两角，轻放在竹竿上置阴凉通风处晒干，以防暴晒干裂。再把晾干的白布向下反铺在晒垫上，用湿毛巾将白布浸透，迅速将红薯片一块块剥下，晒干或烘干，以防霉变。用刀切成 3.6 厘米×6.6 厘米的各种形状后收藏。

（6）炸制：将干的甘薯片放在 140℃～160℃的食用植物油

中炸3～5秒，至红薯片表面渐黄而未焦煳时，捞出沥干油。干的红薯片可随吃随炸。

(7) 包装：待炸好的薯片稍加冷却后，即为红薯米锅巴。用复合塑料袋装好，密封，置低温干燥处。保质期可达半年以上。

4. 产品特点

本锅巴酥脆，香甜可口。

(六) 红薯开口笑

1. 原料

红薯2千克，富强粉500克，白糖200克，饴糖100克，猪油50克，芝麻250克，苏打适量。

2. 工艺流程

选薯→清洗、去皮→绞碎→和面→制坯→滚麻→油炸→沥油→成品

3. 制作方法

(1) 选薯、清洗、去皮：将红薯用清水洗净，削去烂的部分和表皮，再用清水冲去残渣。

(2) 绞碎：将洗净、去皮的红薯先切成小块，放进绞肉机或捣碎机中进行捣碎，挤出汁水另留用。

(3) 和面：将富强粉放在台板上，中间挖成凹形，加入糖、红薯汁水、少许苏打粉及猪油一并搅和后，再将已挤干的红薯浆渣一起放入，充分搅拌均匀，揉成面团。

(4) 制坯：将面团揉长，摘成每只25克的坯子，再搓成圆球形。

(5) 滚麻：将芝麻用水淋湿，放在干净的铝盘中，随后把圆球形生坯投入滚动，使其外表沾上一层芝麻。

(6) 油炸、沥油：将油锅烧至六成热，投入表面已沾满芝麻的开口笑生坯，先不要拨动。用中火浸炸至浮起，随后用竹筷转

动。待炸出裂口后，再将裂口一面拨向下，使受热均匀。翻炸至金黄色时，捞出沥油即成。

4. 产品特点

本产品表面开口，芝麻均匀，香甜肥松。

（七）红薯点心

1. 原料

红薯 300 克，黄油 25 克，鸡蛋 1 个，砂糖 50 克，豆奶 8 毫升，香草香精、桂皮少许。另用具铝杯 12 个。

2. 工艺流程

选薯→洗净→蒸煮→去皮→压碎→和料→装杯→烘烤→成品

3. 制作方法

（1）选薯、洗净：选取无霉烂的新鲜红薯，用流动清水将其洗净。

（2）蒸煮：放入透气的笼屉里用大火蒸约 10 分钟，即蒸至用竹筷能穿透的程度（或入水中煮熟）。

（3）去皮、压碎：趁热将红薯去皮，放到盆中，加入黄油，然后用研磨棒将其压碎，并加进砂糖，充分搅拌。

（4）和料：打入鸡蛋，加进豆奶、少量香草香精和桂皮粉，一并搅拌和匀。

（5）装杯、烘烤：将和好的原料移入铝杯中，用烤炉以 200℃的温度烤制 15～20 分钟即可。

4. 产品特点

本品营养丰富，口感松软，香甜可口。

（八）红薯寿桃

1. 原料

红薯 500 克，豆沙馅 100 克，糯米粉 200 克，白糖 150 克，植物油1000毫升（实耗50毫升），胭脂红少许。

2. 工艺流程

红薯预处理→和粉→擀皮→包馅→定型→浇油→蒸熟→成品

3. 制作方法

（1）红薯预处理：将红薯洗净，削去烂的部分和根茎，蒸熟后去皮，再将其搅拌成泥。

（2）和粉、擀皮：将糯米粉倒进上述薯泥中，拌匀并揉成面团，摘成大小适中的剂子，再擀成圆皮。

（3）包馅、定型：将豆沙馅包入皮中，捏成桃子形状。用刀在一侧压出一道沟纹，在桃尖上点一点胭脂红，逐个放在漏勺中。

（4）浇油：将炒锅置于火上，放入植物油，当油加热至八成热时，用左手掌漏勺，右手用勺舀热油反复浇在“桃子”上，使“桃子”表层结成软壳后，放入盘中。

（5）蒸熟：将上盘放入上汽蒸笼，蒸15分钟即可出笼食用。

4. 产品特点

本品软糯香甜，可为上乘主食佳品。

（九）摊薯薄饼

1. 原料

薯粉500克，精盐1.5克，葱段2根，熟食用油25克。

2. 制作方法

（1）和糊、切葱：在红薯粉中加水，和稀成薄糊状，将葱段洗净，切细成葱花。

（2）摊煎：将煎锅烧热，用两滴油将锅底抹光滑；倒入薄糊，立即晃锅，使面糊沾满锅底；用小火慢烤，撒入少许精盐、葱花，淋入熟油；待香脆起壳后，铲起即可。

3. 产品特点

饼薄如纸，香脆可口，可与春卷、油条和其他食物一同食用。

（十）薯耙

1. 原料

鲜薯 2.5 千克，糯米粉 0.5 千克，白糖 150 克，菜油适量，红糖浆（红糖加少许水，入蒸笼蒸化即成）、芝麻粉（芝麻炒熟碾成粉）各少许。

2. 工艺流程

红薯预处理→和粉揉团→成型→油煎炸→调味→成品

3. 制作方法

（1）红薯预处理：将鲜红薯洗干净，蒸熟，去皮后，用刀将其剁成泥状。

（2）和粉揉团：把糯米粉和白糖加入薯泥中，和粉揉匀，成为红薯米粉团。

（3）成型：将上述薯粉团摘成剂子，再逐一捏成月饼大小的扁圆形薯粉坯。

（4）油煎炸：将锅置火上烧热，下入菜油（或其他植物油）适量，烧至油面冒青烟时，将上述扁圆形薯粉坯下锅煎炸，炸好一面后，翻过来炸另一面。视锅大小，一次可同时煎炸几个。待两面酥黄，边缘无生口时，即可起锅，沥尽余油，置于盘中。

（5）调味：将红薯糖浆水淋到炸好的薯耙上，再撒上芝麻粉即成。

4. 产品特点

本品外焦内嫩，香甜酥脆。

（十一）红薯瓜糕

1. 原料

红薯500克，南瓜500克，糯米200克。

2. 工艺流程

原料预处理→第一次蒸煮→和料→搓条→第二次蒸煮→干燥→切片、包装→成品

3. 制作方法

(1) 原料预处理：先选择个大、无破损的红皮品种的红薯，去蒂去皮，切成片或小块；南瓜选择充分成熟、无破损的扁平瓜，去皮后切成与红薯大小一致的小块或小片，洗净备用；将糯米粉碎成干粉待用。

(2) 第一次蒸煮：将切好的南瓜和红薯置蒸锅内，以旺火将其蒸熟。

(3) 和料：把蒸熟的红薯、南瓜放入和面盆，加入糯米粉，充分揉搓和料。

(4) 搓条：将和好的料搓成圆条。

(5) 第二次蒸煮：把搓好的圆条入蒸锅进行第二次蒸煮，蒸至熟烂。

(6) 干燥：将蒸熟的圆条晾干，再入烘房烘烤。烘烤温度以50℃～60℃为宜，当烘至不黏手、有弹性时，即可取出晾凉。

(7) 切片、包装：将圆条切成薄片，用食品袋包装密封，即为成品。

4. 产品特点

本品为金黄色的片状体，柔软有韧性，香甜可口，即食方便，也可油炸吃，香甜酥脆，别有风味。

（十二）薯面包

1. 原料

薯粉（或薯泥）1.5 千克，面粉 1 千克，白糖 0.25 千克，油 25 克，鲜酵母 25 克，蛋白糖少许。

2. 工艺流程

原料预处理→配料和面→发酵→成型→饧发→烘烤→刷油→成品

3. 制作方法

（1）原料预处理：将干红薯片磨成粉，或将鲜薯洗净，蒸煮至熟透后，去皮捣成泥状。

（2）配料和面：先将新鲜酵母、白糖、蛋白糖用水溶在一起，倒入薯粉或薯泥中，并加入面粉，一并揉成面团。面团要稍微硬点。

（3）发酵：将上述和好的薯面团放在盆内，在 30℃～40℃环境中，发酵 5～6 小时。

（4）成型：将上述发酵好的薯面团从盆内拿出，放在案板上，搓成长条，再揪成每个 150 克的小剂，然后一个个揉成圆形薯面包坯。

（5）饧发：把上述薯面包坯放到烤盘里饧发一阵。

（6）烘烤：待薯面包坯发起后，放入烤炉，用微火烤 8～10 分钟，烤至熟透。

（7）刷油：烤好出炉时，在薯面包表面刷上一层熟油即成。

4. 产品特点

本品色黄油亮，松软可口。

（十三）虾香薯饼

1. 原料

红薯400克，面粉200克，胡萝卜100克，虾仁50克，水发木耳30克，鸡蛋2个，食用植物油120毫升，葱末30克，精盐、鸡精、蒜子各适量。

2. 工艺流程

原料预处理→和料、搅糊→油煎、出锅→调味→成品

3. 制作方法

（1）原料预处理：将红薯煮熟，去皮后搅成泥；将胡萝卜洗净，擦成丝；将虾仁、黑木耳洗净去杂后，剁成末；将蒜子用刀身拍烂，去皮，捣成蒜泥，加入适量的精盐和凉开水，调成蒜汁备用。

（2）和料、搅糊：将胡萝卜丝、虾仁末、黑木耳末、鸡蛋、面粉、精盐、鸡精、葱末等原料与薯泥倒入和面盆，搅匀，再加入少量的水，继续搅成糊状。

（3）油煎：以小火烧热平底锅，放入食用植物油60毫升，油烧热以后，用饭勺将拌好的薯糊舀一勺倒入锅内，并用铲子摊平。当贴锅底一面煎焦黄以后，再用铲子翻过来煎另一面，待两面均煎成金黄色时，即可出锅。

（4）调味：将煎好的薯饼蘸着调好的蒜汁即可食用。不爱酸味的则不蘸蒜汁便可食用了。

4. 产品特点

本品营养丰富，香酥鲜美可口。

（十四）红薯米花糖

1. 原料

干红薯粉10千克，麦芽（干）1.5千克，炒米花3千克，

食用油 130 克。

2. 工艺流程

原料预处理→调料→熟煮→糖化→熬糖→成糖→成品

3. 制作方法

（1）原料预处理：

①发制麦芽：在熬糖前，必须先将大麦或小麦用水浸泡3～4小时后，取出沥干水，并放在20℃～24℃的条件下发芽。5～7天后，待麦芽转青，长度为3厘米即可。

②磨烂麦芽：将麦芽对水，用石磨或磨浆机磨成麦芽浆。随磨随用，磨得越细越好。

③调化干薯粉：将10千克干薯粉加冷水15千克，进行调化。

（2）调料、熟煮：在上述调化好的薯粉中加入1千克磨碎的鲜麦芽浆，调成薯粉麦芽乳，然后倒入45千克沸水中搅拌均匀，再加热煮熟。注意一定要煮熟透，麦芽不宜过多或过少，过多颜色发黄，过少则熬不成糖。

（3）糖化：将煮熟的薯粉麦芽乳退火降温至50℃，加入1千克鲜麦芽，让乳液在锅中充分糖化。2小时后，糖渣会全部沉淀，上面出现一层清水，此时再烧火煮沸，用洁净的布过滤，滤出液即为糖液。糖渣可做饲料。

（4）熬糖：将糖液盛入大锅内，用大火煎熬，使水分迅速蒸发，中途不能停火。经4～6小时后，糖液即成浓稠状。不要熬过头，否则会炭化。一口大锅一次可熬10千克干薯粉，1千克干薯粉通常可熬糖0.8千克。

（5）成糖：从锅中取出的糖浆冷却至35℃时，可加工成块糖、豆丝糖和米花糖。

红薯米花糖的成型过程如下：

①先在锅中放50克食用油煎熟，取3千克上述经熬制的糖，

加温火溶化。

②加入3千克炒米花，再撒一点熟芝麻和橘子皮粉，充分搅拌均匀。

③从锅内趁热取出锅内混合糖料，放入干净的成型分格木匣，另用一木板加压制成长条形小块，或直接放于两木板间压制，立即用锋利的快刀切成小块，即为红薯米花糖。

4. 产品特点

本品酥脆，香甜可口。

（十五）红薯果丹皮

1. 原料

红薯1千克，砂糖200克，琼脂10克，柠檬酸适量。

2. 工艺流程

原料选择与处理→软化→制浆→过滤→调料→糖煮、浓缩→摊盘→烘烤→揭皮→成型→包装→成品

3. 制作方法

（1）原料选择与处理：选个大、筋少的红薯。先用清水冲洗干净，去皮和两端，除去杂质，切成适当大小的块。

（2）软化：将切好的红薯块放进1.5倍量的开水中，煮沸20分钟，使之软化。注意不用铁锅，应采用不锈钢锅或铝锅。

（3）制浆、过滤：把软化好的红薯块倒入打浆机，捣碎制浆，再用洁净纱布进行过滤，去除过粗纤维性杂质。

（4）调料、糖煮、浓缩：将过滤后的浆液倒入锅内，加入事先已溶好的糖、酸、琼脂混合液，搅匀，进行熬煮。在煮制过程中，应注意不断搅拌，以免焦煳。待煮至稠糊状时即可停火出锅。

（5）摊盘：将浓缩好的糊状物均匀摊在烘盘上，厚度为0.3～0.5厘米。烘盘可用不锈钢或搪瓷盘，也可用钢化玻璃盘。

（6）烘烤：将上述烘盘入烘房或烘箱中进行烘烤，温度控制在50℃～60℃。当烘至不黏手、易揭起、呈皮状时即可。此时含水量为18％～20％。

（7）揭皮：应趁热将果丹皮揭起，稍晾凉。

（8）成型、包装：将稍凉的皮状果丹皮卷成小卷，再切成小段，利用透明玻璃纸进行包装，即成成品。

4. 产品特点

本品色泽金黄，酸甜适口，韧性较强，耐咀嚼。

（十六）红薯甜枣

1. 原料

红薯，食品红微量，山梨酸钾。

2. 工艺流程

原料选择→清洗→蒸煮→去皮、冷却→切块、烘晒→整形、防腐→成品

3. 制作方法

（1）原料选择：选用块大、含糖量高、淀粉少、水分少、无黑斑病、无虫蛀、无腐烂的薯块为原料。红薯收获后，应在阴凉处存放一段时间，使其糖化，增加甜度。

（2）清洗、蒸煮：切去蔓柄，再用清水反复清洗干净，放入蒸笼内以中火进行蒸煮。注意薯块不要蒸煮过烂，蒸熟即可。

（3）去皮、冷却：将蒸煮好的薯块取出冷却，然后去皮。去皮要轻，不伤薯肉，继续冷却至薯块凉透。

（4）切块、烘晒：将凉透的薯块轻轻切成5～6厘米长、2～3厘米厚的小块，放在日光下暴晒或置烘房内烘烤。经常轻轻翻动，使含水量降至35％即可。注意阴天日光不充足时不要进行加工，以防腐烂。冬季可进行冻晒。

（5）整形、防腐：将烘晒后的外干内软、含水量约35％的

薯块用木板或整形机使其成椭圆形。再次依上法进行烘晒，当含水量降至25%时，均匀地细喷一次食品红着色；再继续烘晒，至含水量达20%左右时，取防腐剂山梨酸钾先用适量水化开，然后喷在薯枣坯上，进行防腐防霉处理，晾干后即成红薯甜枣。

4. 产品特点

本品大小均匀，皮红肉黄，透明发亮，外干内柔，略有弹性，味道适口。

（十七）红薯酥糖

1. 原料

鲜红薯12千克，糯米20千克，菜油10千克，绵白糖12.5千克，饴糖7.5千克，熟花生4千克，熟芝麻1.5千克。

2. 工艺流程

原料预处理→和粉→切块→蒸熟→捣压成坯块→切丝、阴干→油炸→上浆→成型→冷却→成品

3. 制作方法

（1）原料预处理：先将糯米淘洗干净，浸泡12小时，将米沥干，放入石臼捣成粉或磨成粉，再用百孔罗筛过筛备用；红薯则先用清水洗净上锅蒸透，剥去皮，切成小块。

（2）和粉：将小薯块和糯米粉混在一起，在案板上混合揉匀，放入盆内用力压实。

（3）切块、蒸熟：将盆内混合料切成4～5厘米见方的块，均匀摆入蒸笼蒸至熟透（一般沸水后20～25分钟）。

（4）捣压成坯块：将蒸熟的糯米薯块趁热放入石臼中捣至均匀（石臼内预先擦上一层熟植物油，以防粘连），直到没有红薯硬块的斑点时取出，装入盆内，压成坯块。

（5）切丝、阴干：将上述坯块切成6～7厘米见方的块，再切成3～4厘米厚的片，最后切成6～7毫米的细丝，阴干。

(6) 油炸：将植物油放入锅内，烧成八成热时，再将适量薯丝入锅，炸至表面微黄，用手能折断时立即起锅，待用。

(7) 上浆：按每500克白糖加100毫升水的比例，先把水放入锅中，随即下白糖，搅匀溶化，再加入饴糖，混合溶化后，过滤除杂。将糖液下锅熬至128℃～130℃，将火关掉，随即倒入油炸薯丝和熟花生仁，拌匀起锅。

(8) 成型、冷却：将50厘米宽和长、高均为2.5厘米的木框放在案板上，用干净热水毛巾抹湿；按配方的比例将熟芝麻撒在底部，趁热倒入上过糖浆的薯丝和花生仁混合料，迅速抹平，用木杖擀压平，再用铜压子将表面及边缘压紧，压光；然后用刀切成长、宽各为5厘米的方块，每个小方块切一个虚“十”字，即不要切断，松开木框冷却后即成。

4. 产品特点

本产品具有红薯、花生、芝麻特有的复合香味，酥脆无渣，香甜可口，为四川特产。

（十八）红薯糕点粉

1. 原料

鲜红薯。

2. 工艺流程

鲜薯→洗净→去皮→糖化→压片→干燥→粉碎→包装→成品

3. 制作方法

(1) 洗净、去皮：将鲜红薯用水清洗干净，除去泥沙等杂物。放入95℃稀碱液中热烫数分钟，便可用清水将皮冲洗干净。

(2) 糖化：将去皮红薯放入60℃～70℃水中浸泡30分钟，接着用100℃的蒸汽将其加热约30分钟，使其糖化，产生甜味。

(3) 压片：将加热糖化好的红薯压碎至1毫米厚的片块状。

(4) 干燥：送入滚筒干燥机内，将温度控制在140℃左右干燥15～20秒钟，将水分降至5%。

（5）粉碎：将干燥后的薯片放入粉碎机内粗碎，再进一步细碎成粉末。

（6）包装：将红薯干粉称重装塑料袋，即为成品。

4. 产品特点

本产品可作为糕点粉出售，也可自行深加工成糕点上市。用此糕点粉配制的糕点，不仅风味独特，甜味适度，而且无论添加热水或冷水均具有良好的复原性。

（十九）红薯即食糊

1. 原料

红薯、糖粉、增香剂。

2. 工艺流程

红薯→挑选→清洗→去皮→漂洗→切块→预热→蒸煮→磨浆→调配→干燥→粉碎→成品

3. 制作方法

（1）挑选、清洗：选用质地紧密、无创伤、无腐烂、块形整齐的红薯。用清水冲洗数次，洗去附着在表面的泥沙等杂物。

（2）去皮、漂洗：将洗净的红薯放入95℃、浓度10%的氢氧化钠溶液中煮5分钟，然后用清水冲去皮，将碱液冲净。

（3）切块：将去皮红薯切成10厘米见方的小块。

（4）预热：在70℃的水中，将薯块加热30分钟，促使糖化，对口感有较大改善。

（5）蒸煮：将薯块蒸煮30分钟，保证熟透，无硬心。

（6）磨浆：将熟透的薯块打成浆。

（7）调配：在薯浆中添加12%的糖粉和适量的增香剂（如香兰素）。

（8）干燥：将薯浆体于80℃左右的条件下进行浓缩干燥。

（9）粉碎：将干燥物捣碎成细小碎片即可。

4. 产品特点

本产品为淡黄色或白色（以红薯品种而定）的小片状颗粒，用热水冲食，口感细腻，香甜适口，为方便美味的即食食品。

（二十）红薯淀粉

1. 原料

红薯、水。

2. 工艺流程

红薯→清洗→切碎→磨浆→过滤→复滤→沉淀→晒干→成品

3. 制作方法

（1）清洗：新鲜红薯用流动水洗刷，除去外皮的泥沙杂质。注意防止砂粒被刷进薯块，务必洗净。

（2）切碎、磨浆：将洗净的薯块用切丝机切碎或手工切碎，然后置于石磨或磨浆机进行磨浆。所得浆液称为粉乳。边磨边投薯丝，边加清水，使磨出来的浆液均匀细腻，同时又可避免因受空气氧化而变色。

（3）过滤、复滤：把上述粉乳装入洁净的白布袋中（一般以布眼稀疏均匀的龙头布为好），置于木桶或缸上面，然后用木板加石头压下，使淀粉和薯渣分离。压时要先轻后重，避免过急过重，造成破袋。通过压干后，滤液流进桶或缸内，薯渣留在袋中，然后再把薯渣取出放入木桶或缸内，加入适量清水搅拌。

（4）沉淀：过滤后的浆液，经过 8～10 小时的静置沉淀后，除去粉面上浮渣和清水。为使粉质更加洁白纯净，一般用适量石灰水或漂白粉进行漂白。必须再次加水于桶或缸中，用木棒搅拌均匀，反复沉淀 12 小时。待上层水色透明，桶或缸底部淀粉落实黏固后，轻轻倾斜桶或缸，倒掉粉层上面的清水。

（5）晒干：经过沉淀后的淀粉在起粉时，先铲去表层，取出中层，即为品质最好的食用淀粉。表面一层含漂渣，色黑，底层尚有少许泥沙，宜做饲料。起粉时，把桶内淀粉切成大小适中的块状，排放于洗净的竹箪或晒谷席上晒干。晒场应防止风沙杂质飞入，影响品质。晒时先整块晒1～2天，然后折成小块直至粉状，即为成品。

4. 产品特点

本品可加工成红薯粉丝、粉皮，配制糕点、冷饮等副食品，也可作为烹饪菜肴的辅料。用开水冲出来的淀粉糊呈半透明状，色虽较深，但口感很好。

（二十一）即食薯渣片

1. 原料

红薯淀粉渣70克，精制面粉30克，蛋清15毫升，蜂蜜15毫升，发酵粉5克，糖液20毫升，调味料、香精各适量，食盐少许，食用植物油若干。

2. 工艺流程

红薯淀粉渣选择→粉碎、过筛→调粉加香→压片、切片→油炸→冷却、真空包装→成品

3. 制作方法

（1）红薯淀粉渣选择：通常在制取红薯淀粉后，通过分离得到的淀粉粕渣即可使用；但要注意无污染，未酸败。通过水洗后烘干，风干（防尘），即可用于加工。

（2）粉碎、过筛：用细箩粉碎机粉碎，过筛，除去坚固杂物和混杂的薯蒂等。

（3）调粉加香：取淀粉渣35克，加入160毫升70℃～80℃的热水中，冷却到室温；再添加剩余的35克淀粉渣，混匀；再加入面粉30克、蛋清、蜂蜜、发酵粉、全部糖液以及调味料、香料、食盐等，调制成面团。以面团有一定黏性，但不粘手为

最佳。

（4）压片：将调好的面团放入乙烯树脂袋中，袋不要装满，留有一定空隙，用面杖压扁成片，最好厚度为 1 厘米左右。

（5）切片：放置 8～12 小时，从袋中取出，遇空气变硬，切成 10 厘米×10 厘米×30 厘米的薄片。

（6）油炸：将食用植物油烧至 150℃～180℃时，将渣片入锅炸 3～4 分钟，以炸透为止。

（7）冷却、包装：将渣片捞出沥干油，冷却到室温，利用真空包装机进行包装，最好用热塑料性包装材料（复合膜）。

4. 产品特点

本产品为大小均匀、整齐的薄片，呈金黄色，香甜适口，有红薯粉特有风味。它具有清理肠道、预防肥胖等保健功效，解决了淀粉厂废料污染环境的问题。

（二十二）耒阳红薯粉条

1. 原料

鲜红薯、食用油。

2. 工艺流程

鲜红薯→洗净→切块→磨浆→过滤→沉淀→蒸制→拉皮→晾干→切条→晒干→成品

3. 制作方法

（1）洗净、切块、磨浆：将鲜红薯用清水反复洗净，去两端，然后切小块，将其磨成薯浆。

（2）过滤、沉淀：用一块干净的很细的棉包袱布将红薯浆过滤，将汁榨入缸中，待淀粉沉淀下来后，再将上面的水倒掉，每天换水。

（3）蒸制、拉皮：浸水 10 多天后，便可进行蒸制。在旺火上架起大铁锅，锅内再放置一块铝或铜制成的圆形平底盘，用食用油将平锅盘涂1遍，再将红薯浆倒入平锅盘内；蒸熟后，放在事先准备好的竹团箕上（比出锅的粉皮块要大），然后用手往四周拉，使粉皮块越拉越薄（此为制作技术关键）。

（4）晾干、切条：待稍冷后，就将拉薄的粉皮放在竹竿上晾干，晾到半干时，再用刀切成粉条。

（5）晒干：将粉条晒干，即得成品。

4. 产品特点

本品为湖南省耒阳县传统名特产品。该粉条色泽黄亮，身干条细，韧性好，拉力足，吃起来柔软爽口，既可做主食，也可做菜肴，深受食者欢迎。

（二十三）瓶装甜薯块

1. 原料

红薯、糖。

2. 工艺流程

原料挑选→清洗→去皮→切块→装罐加糖→封盖→杀菌→冷却入库→成品

3. 制作方法

（1）原料挑选、清洗：选用红心薯为原料，要求质地坚实，含淀粉量高，新鲜，无腐烂，无病虫。直径30毫米以上，重200克较好。

（2）去皮、切块：用削皮机或人工削去薯皮，并放入清水中防止褐变，再将其切成四方块。

（3）装罐加糖、封盖：将薯片整齐地排入玻璃瓶或马口铁罐或能耐高温的无毒广口塑料瓶中，然后将事先溶好、过滤了的糖液注入瓶内。及时送入排气箱中排气。当罐中中心温度达78℃时，进行封盖。

（4）杀菌：将瓶送入杀菌锅内杀菌，温度要求在105℃～

107℃，保持1小时，再在116℃的温度下杀菌。

（5）冷却入库：冷却至40℃后，入库保管检验，即成。

4. 产品特点

本产品细腻柔软，十分爽口，很受野外工作人员欢迎。

（二十四）红薯果酱

1. 原料

红薯2.5千克，水2.5升，糖30千克，果胶40克，柠檬酸12克，水果香精3毫升，明矾3克。

2. 工艺流程

红薯清洗→去皮、切块→磨浆→浓缩、配料→装瓶→成品

3. 制作方法

（1）清洗、去皮：人工削去皮蒂，清洗干净。

（2）切块：切成小块，并用清水浸泡，以防氧化褐变。

（3）磨浆：将小块红薯加少量水用石磨或打浆机磨捣成浆状，用水量以1∶1为好。

（4）浓缩、配料：把浆料入钢锅中加热到80℃左右进行浓缩，20分钟后升温至88℃，逐渐得到浓缩浆液，利用纱布将浓缩浆液滤掉残渣，加入预先溶好的糖、果胶、明矾、柠檬酸；再继续加热到100℃，逐渐浓缩至膏状，使固形物含量达到68%以上；最后加入果味香精，中间要注意不断搅拌，以防粘锅底烧糊。

（5）装瓶：趁热将上述膏状物装入已杀菌好的广口玻璃瓶中，封盖，冷却后保存备用。

4. 产品特点

本产品为淡黄色的膏状物，黏稠，酸甜可口，老少皆宜。糖尿病患者不宜食用。

（二十五）红薯冰糕

1. 原料

鲜红心红薯 10 千克，白糖 4.5 千克，饴糖 1.5 千克，糯米粉 0.7 千克，蛋白糖 6 克，果味（橘子）香精 20 毫升。

2. 工艺流程

红薯→清洗、去皮→切块→蒸煮→揉泥（捣浆）→过滤→配料→杀菌→注模→冷冻→成品

3. 制作方法

（1）清洗、去皮、切块：红薯用清水洗净，去皮后，切成块。

（2）蒸煮：将薯块放入蒸锅，以旺火蒸煮至熟烂。

（3）揉泥（捣浆）：手工将其揉成薯泥，加水和成浆或用捣碎机加适量水，将其捣碎成较稀薯浆。

（4）过滤：用洁净白纱布过滤稀薯浆，去除粗纤维。

（5）配料：先将白糖和蛋白糖用热水溶化，糯米粉用温水调开，加上饴糖、香精，一并放入上述薯浆中，搅和均匀。

（6）杀菌：将配好的薯浆入锅煮沸，不停搅拌至米粉煮熟。

（7）注模：将煮好的薯浆倒入模具中，使其能成一定形状。

（8）冷冻：将上述模具放进冰室进行冷冻，待成型为冰糕时即为成品。

4. 产品特点

本品为黄色果味冰糕，组织细腻，酸甜可口，为夏季祛暑冷冻食品。胃寒、糖尿病患者禁食。

（二十六）奶油薯馅

1. 原料

鲜红薯 100 份，奶油 20 份，糖 50 份，精盐 1 份，奶粉 5

份，水 5 份。

2. 工艺流程

鲜薯预处理→煮熟→捣泥→过筛→调料→浓缩→装瓶→成品

3. 制作方法

（1）鲜薯预处理：将新鲜红薯洗净，削去皮，切成大块。

（2）煮熟：将大薯块入锅，用大火煮熟或蒸熟均可。

（3）捣泥：将熟的薯块捣烂成泥浆状。

（4）过筛：将薯浆放进筛子或洁净纱布以过滤，筛除粗渣。

（5）调料：先将奶粉溶解在水中成乳液，再将薯浆液和乳液合并，加入糖、盐、奶油，混合均匀。

（6）浓缩：将混合好的料浆放入钢锅内，边煮边以木棒不停搅拌，至表面光滑，有黏稠感时即将锅离火。

（7）装瓶：趁热装瓶待做馅用，或立即冷却即可供制各种馅类烘焙制品。

4. 产品特点

本品组织细腻，香甜可口，营养丰富。

（二十七）红薯“鸡腿”

1. 原料

红心红薯 1 千克，面粉 300 克，红糖 100 克，食碱 5 克，食用植物油 300 克，白糖、熟黄豆粉或芝麻各适量。

2. 工艺流程

红薯预处理→和料→分团→揉面→揪团→擀皮→包馅→成型→油炸→冷却→装盘→成品

3. 制作方法

（1）红薯预处理：洗净，去皮，蒸熟。

（2）和料、分团：将 100 克面粉及红糖、食碱加入熟薯中，将其揉成泥状，并分成 10 团，待用。

（3）揉面：将200克面粉加适量水，揉成面团，放置稍醒一下。

（4）揪团：将揉好的面揪成10团。

（5）擀皮：将面团分别擀成面皮。

（6）包馅：每张面皮包入1团薯泥，将面皮口处合拢，使之成为椭圆形。

（7）成型：将上述椭圆形两端各拉长2厘米左右，并在中腰处斜切一刀，即成为两个“鸡腿”。

（8）油炸、冷却：将油下锅烧热，把“鸡腿”一个个放进油内炸制，待其浮起呈金黄色时即可捞出锅来，晾凉备用。

（9）装盘：先在盘中放入适量白糖、熟黄豆粉或熟芝麻，把晾凉的“鸡腿”放入盘中，沾着盘中甜粉食用。

4. 产品特点

本品形似鸡腿，外酥内软，沾糖粉豆面食，香甜可口，既好看，又好吃。

（二十八）薯蔓花生豆奶

1. 原料

薯蔓（红薯秧尖）、花生仁、蔗糖、全脂奶粉等各适量。

2. 制作方法

（1）花生仁处理：选用无霉变、颗粒饱满、无杂质、无虫蛀的新鲜优质花生仁，烤熟，搓去红皮。用清水浸泡至涨大，捞出，加入3倍清水一起磨浆，用纱布过滤。渣继续加水磨浆，再过滤分离。将两次浆液合并在一起，加热煮沸数分钟。

（2）薯蔓处理：选取包括红薯藤尖在内约10厘米的部分，以光滑、色紫者为好。先将薯蔓放入为薯蔓重量4倍的100℃开水中，热烫5分钟。烫完后，捞出沥干水分，加3倍清水打浆，再取滤液，将两次滤液合并。

（3）调配：将花生浆和薯蔓浆以1∶1混合。先加热煮沸，再加入适量溶好的糖水、蛋白糖和全脂奶粉，再沸，即可离火，晾温供饮用。

3. 产品特点

本产品为紫色乳状液体，富含蛋白质、铁、钾、钙、纤维素和各种维生素，具有通便排毒和利尿之功效，并有预防肠癌的作用。

（二十九）薯干酱油

1. 原料

红薯干25千克，麦麸皮6.25千克，豆饼5千克，食盐若干千克，红糖2.5千克，蛋白发酵菌小半瓶。

2. 制作方法

（1）制黄酶曲：取1.25千克麦麸皮蒸熟后，加入从酱油厂买来的小半瓶蛋白发酵菌，拌和均匀，倒入曲盘内，经过4～5天发酵即得黄酶曲。

（2）制酱酪：将2千克红薯干放入瓶子里蒸熟，煮2小时后揭开瓶盖，往料上洒水，至薯干湿润均匀为止，盖上盖子再蒸1小时，然后出锅。把薯干倒在簸箕内，扒平摊放（4～5厘米厚）。当薯干温度降至40℃左右时，加入黄酶曲，加5千克麦麸皮、5千克豆饼，混合均匀后，扒平摊放（约4厘米厚），在夏天放4天，冬天放6～7天，即成酱酪。

（3）发酵制曲：将酱酪捣碎成粉，装入布袋或麻袋内发酵。当发酵温度达到50℃时，按比例（每25千克酱酪用12.5千克水）将70℃开水掺入酱酪内，搅拌均匀；分几个缸装好，并在料的上面撒放一层1～2厘米厚的食盐，放进70℃左右的温室中保温；经过24小时后，加入溶有6.5千克盐的40千克盐水，拌和均匀，仍放在70℃的温室中保温；经过2天2夜的发酵，即可得白色的酱油40千克左右（渣可做饲料）。

若要制成带色酱油，加入2.5千克红糖搅匀溶化即可，也可在白酱油中加入25克焦糖色素。

（三十）红薯沙拉

1. 原料

红薯500克，苹果2个，梨2个，菠萝罐头1瓶，鸡蛋2个，熟植物油100毫升，白糖150克，黄瓜2条，精盐少许，奶粉适量。

2. 制作方法

（1）打蛋：在鸡蛋两头轻轻敲两个小洞，竖对着碗，利用空气压力，使蛋清流入碗内。待蛋清流尽，打破鸡蛋，将蛋黄放入另一个碗里。

（2）搅蛋：将熟油滴在蛋黄上，用一双筷子，按顺时针方向不停地搅动，边搅边滴油，搅至成浓稠糊状黄酱，待用。

（3）红薯处理：先洗净，煮熟，晾凉，去皮，切成小方丁放入盘内。

（4）其他原料处理：将苹果、梨和黄瓜分别洗净，去皮，切成小方丁；将菠萝罐头中的菠萝取出切丁。

（5）配料：将各原料小丁和蛋黄酱一起放入一菜盆里，再加上白糖、精盐、奶粉，拌匀即可上桌食用。

3. 产品特点

本品色香味俱全，色彩艳丽，营养丰富，口感清爽。

（三十一）脱水土豆丝

1. 原料

新鲜土豆10千克，1%的氢氧化钠溶液适量。

2. 工艺流程

原料预处理→去皮→切丝→蒸煮→脱水干制→成品

3. 制作方法

(1) 原料预处理：选择块大、椭圆形、皮薄、肉白或淡黄色、芽眼浅、表面平整、无疮痂病及其他病症者。干物质含量应大于21%。

(2) 去皮：清洗时用硬毛刷将皮刷掉，或先蒸烫一下再剥去外皮，或用95℃、浓度为1%的氢氧化钠水溶液去皮（在该碱水溶液中烫漂3～5分钟，立即投入冷水中清洗）。

(3) 切丝：切成5厘米×0.8厘米×0.3厘米的长条。

(4) 蒸煮：将土豆丝放竹筛上，入蒸笼，以沸水蒸煮20～30分钟。

(5) 脱水干制：一般以人工干制较理想，干制前期温度控制在75℃以下，干制结束时控温在55℃以下，含水量在5%以下。注意轻拿轻放，防止破碎断条。

4. 产品特点

本品色泽乳白，长短厚薄基本一致，有土豆的天然清香，无异杂味，无虫蛀霉变现象。

(三十二) 脱水土豆粉

1. 原料

新鲜土豆100千克，1%的氢氧化钠溶液适量。

2. 工艺流程

原料预处理→清洗→去皮→切片→预煮→冷却→蒸煮→脱水干燥→粉碎过筛→包装→成品

3. 制作方法

(1) 原料预处理：选择皮薄、肉白或淡黄色、芽眼浅、表面平整、无疮痂病及其他病症者，去除发芽或变绿的部分，或者完全剔除，以防止中毒。

(2) 清洗：将土豆倒入水池中，搅动，清洗泥沙及表面污物，捡除烂块、石子、沙粒等杂物，再用清水清洗干净。有条件者可用滚筒式洗涤机进行擦洗，可连续操作。

(3) 去皮：有手工去皮、机械去皮或蒸汽去皮以及化学去皮等方法。手工去皮通常用不锈钢刀为好；化学去皮常采用95℃、1%的氢氧化钠（即烧碱）水溶液，将带皮土豆放入热碱溶液中烫漂3～5分钟，立即捞出土豆放入冷水中清洗，便可去皮了。

(4) 切片：手工或用刀片机将土豆切成厚2毫米以下的薄片。

(5) 预煮：将土豆片放入90℃的热水中加热5～8分钟，破坏土豆中的酶活性，以防止土豆片变黑，并使其淀粉彻底糊化，以减少土豆复水后的黏性。

(6) 冷却：用冷水清洗蒸煮过的土豆，把游离的淀粉除去。

(7) 蒸煮：将冷却后的土豆片在常压下蒸煮半小时左右，以期更充分糊化。

(8) 脱水干燥：将蒸煮糊化后的土豆片迅速人工干制，初始干制温度控制在75℃以下，结束时温度控制在55℃以下，含水量在3%以下。

(9) 粉碎过筛：将干后的土豆片经粉碎机粉碎，过100目的筛。

(10) 包装：过筛后的土豆粉经冷却回软后，立即进行包装，以免回潮。

4. 产品特点

本品色泽乳白，无异色颗粒，无霉变现象，含水量低于3%。

（三十三）土豆脯

1. 原料

新鲜土豆10千克，白糖6千克，亚硫酸氢钠100克，柠檬酸适量。

2. 工艺流程

选料→清洗→去皮→切分→硫处理→预煮→第一次糖煮、糖渍→第二次糖煮、糖渍→烘干→包装→成品

3. 制作方法

（1）选料：选用大小一致、光滑饱满的新鲜土豆为原料。如采用贮藏的土豆为原料时，则应剔除发芽变绿、虫蛀、腐烂和表面有霉斑的。

（2）清洗、去皮：用清水洗净薯块表面的泥沙和污物，然后用人工或机械去皮，也可用上述化学法去皮。去皮后立即放入水中，防止褐变。

（3）切分：根据需要将土豆切分成片、条或块，其厚度以0.5～1厘米为宜。

（4）硫处理：将切分好的土豆浸泡在1%的亚硫酸氢钠水溶液中，处理20～30分钟。捞出后，再用清水漂洗2次。

（5）预煮：将经处理的土豆片放入沸水中预煮10～15分钟，煮至八成熟后捞出，用冷水冷却，并沥干水分。

（6）第一次糖煮、糖渍：以土豆片重30%的砂糖，配成浓度为40%～45%的糖液，放入锅中煮沸后，倒入土豆片与糖，一起放入缸中，糖渍24小时。

（7）第二次糖煮、糖渍：捞出上述糖渍的土豆片，将糖液浓度调整为55%～60%，加入适量柠檬酸，在锅中加热煮沸5分钟后，倒入经糖渍的土豆片。煮沸10分钟后改为文火微煮15～20分钟，放入缸中糖渍8～12小时，使土豆片渗透糖分。

（8）烘干：把经过2次糖渍的土豆片捞出，沥干糖液后，摆放到烘盘或竹屉上，送入烘房，在65℃温度下烘烤至土豆片不粘手，即制成土豆脯。

（9）包装：待土豆脯冷却回软后，用聚乙烯薄膜袋包装，即为成品。

4. 产品特点

本品呈棕黄至淡黄色，有光泽，色泽均匀一致，酸甜适口，无异味，片形完整饱满，大小均匀，不粘手，不返砂，不流糖，无杂质。

注意：糖尿病患者不宜食用。

（三十四）琥珀土豆片

1. 原料

鲜土豆5千克，砂糖5千克，蜂蜜150克，精炼食用植物油10千克，液体葡萄糖250克，柠檬酸3克，水适量。

2. 工艺流程

原料预处理→切片→烫漂→护色→干制→上糖→油炸→沥油→调味→包装→成品

3. 制作方法

（1）原料预处理：将好的土豆清洗干净，刮去表皮，再用清水冲去残皮碎渣。

（2）切片：切成约2毫米厚的土豆片后，倒入清水盆内，上下翻搅，去净土豆片上的淀粉和龙葵素（毒素）等。

（3）烫漂：将干净的土豆片倒入热水锅中（用不锈钢锅），煮沸3～4分钟，以使酶失活；然后迅速捞出，放入冷水中，轻轻搅动，使其尽快冷透。

（4）护色：护色液采用柠檬酸加0.05％的亚硫酸钠，浸泡处理20分钟，捞出后，漂洗干净。

（5）干制、上糖：沥干水分，单层晾晒干，再将砂糖、液体葡萄糖、蜂蜜、柠檬酸和水置锅中溶解，并煮沸；然后将干土豆片放入50%～60%的糖液中，糖煮5～10分钟，使糖液浓度达70%，立即捞出，沥去部分糖液，摊开冷却至20℃～30℃。

（6）油炸：将上糖后的土豆片置筐中，于165℃～175℃油中稍炸，使其均匀炸透而不挂糊，呈琥珀色并光亮一致即可。

4. 产品特点

本品呈琥珀色，光亮，香甜可口。

（三十五）油炸薯条

1. 原料

新鲜土豆、食用植物油、精盐。

2. 制作方法

（1）原料预处理：选择颜色略黄而纹理细腻的土豆，清洗干净，刮去表皮，切成整齐条状，浸于淡盐水中。

（2）沥水、入锅：将土豆条捞出，沥干水，放入热油中，以弱火炸制。

（3）取出：当用竹签能轻易刺进土豆条中时，便可取出，备用。

（4）再炸：食前再置油中以强火烹炸数十秒，至呈焦黄色。

（5）调味：炸后放在盛器中将油滴干，并根据需要撒少许盐花（或白砂糖）即成。

3. 产品特点

本品呈焦黄色，味香可口，为吃牛排和炸牛肉不可缺少的配料。

（三十六）蒜辣土豆片

1. 原料

新鲜土豆、食用油、蒜粉、辣椒粉、糖粉、盐粉等。

2. 工艺流程

原料预处理→速冻→解冻→油炸→调味→包装→成品

3. 制作方法

（1）原料预处理：将新鲜土豆清洗干净，除去皮，切成厚度为2～3毫米的片，立即浸入淡盐水中，然后捞出沥干水。

（2）速冻、解冻：放入冰箱中冷冻3～4小时，温度低于零下10℃，再取出解冻，沥干。

（3）油炸：将油加热至170℃～180℃，放入土豆片，油炸约30秒钟。

（4）调味：事先把调味料配制好。调味料以蒜粉为主，配以少量的辣椒粉、糖粉、盐粉。当土豆片油炸完毕后取出，立即用混合调味料进行均匀喷撒，使调味料均匀黏附在土豆片上。

（5）包装：将调好味的土豆片立即装入复合薄膜塑料袋中，采用充气封口机充填氮气，封口包装后即为成品。

4. 产品特点

本品蒜香浓郁，脆甜微辣，深受消费者欢迎。

（三十七）油炸土豆片

1. 原料

土豆泥1千克，熟面粉800克，白砂糖100克，熟芝麻粉100克，食用植物油2千克，碳酸氢钠少量。

2. 制作方法

（1）土豆泥的制作：挑选无芽的土豆洗净，除去表皮，切开放入蒸笼蒸熟，再用搅馅机捣成土豆泥。

（2）熟面粉的制作：采用蒸面，蒸时上下蒸笼的面粉都要插出孔，以便上下通汽。蒸熟后稍冷却，即进行筛粉。

（3）和面：将土豆泥、熟面粉及少量碳酸氢钠一起混合，揉成面团，放在盆内，盖上洁净湿毛巾。

（4）醒发、切片：醒发 10 分钟后，分成多个剂子，搓圆压扁，切成片，再醒发 10 分钟。

（5）油炸：油入锅，烧至七成熟时，将土豆片沿锅边放入，炸至金黄色捞出，撒上糖和熟芝麻。

（6）冷却包装：待冷却后，用复合膜食品袋包装即可。

3. 产品特点

本品呈金黄色，香甜，酥脆可口。

（三十八）土豆虾片

1. 原料

新鲜土豆、纯碱、山梨酸钾。

2. 工艺流程

备料→清洗、去皮→切片→沸煮→冷却→晾晒→贮存

3. 制作方法

（1）备料：挑选无病虫、无霉烂、无发芽、无失水变软的新鲜土豆为原料。

（2）清洗、去皮：用水将土豆冲洗干净，捞到席子上，晾去表皮余水，然后用竹筷刮去表皮，或用碱液浸烫进行化学去皮。去皮后，应用清水冲去残留的碱液及杂物。

（3）切片：用不锈钢刀将土豆切成厚度约为 0.2 厘米的小片，倒入清水池中，上下翻搅，使小片上粘含的淀粉等被除去。

（4）沸煮：将浸泡好的土豆片倒进沸水锅中（勿用生铁锅，以免发生化学作用），煮沸 3～4 分钟。当土豆片达到熟而不烂时，迅速捞出放入冷水中，轻轻翻动搅拌，让土豆片尽快凉透，

并除去粉浆、黏沫等物，使土豆片分离。

（5）晾晒：将土豆片捞出，沥干水分，并单层平排放在席子上，于太阳下翻晒。当半干时，再整形一次，然后再翻晒直至干透，即成土豆虾片。

（6）贮存：为了能较长期贮存，则可在晒的过程中，按土豆片重量0.2%的比例，加些防霉、防腐的食品添加剂——山梨酸钾，进行浸晒，然后阴干；再根据土豆片大小，分级包装，放在通风干燥的地方保存，即为成品。

（7）食用方法：此品与海虾片食法相同，即用热油干炸，作为下酒菜之用。

4. 产品特点

本品油炸时比海虾片容易，且香脆可口，不易返潮失脆，营养丰富，制作简单，投资少，很受人们欢迎。

（三十九）豆沙土豆糕

1. 原料

土豆1千克，面粉300克，豆沙馅500克，京糕500克，绵白糖500克，食用香精和红、绿色素各少许。

2. 制作方法

（1）蒸土豆：把土豆清洗干净，上蒸锅蒸烂，晾凉。把面粉蒸熟。

（2）拌红、绿糖粉：把绵白糖平分为2份，一份加食用红色素少许，拌成粉红色糖粉；另一份加食用绿色素，拌成浅绿色糖粉。在拌糖粉时，加上少许食用香精。

（3）制混合面团：将蒸好的土豆剥去外皮，搓成泥状，加熟面粉，揉成面团，再分成两块。

（4）取一块土豆面团，擀成13厘米见方的块，再把豆沙馅擀成同样大小的块，放在土豆面团上。将京糕切成3毫米厚的片，铺在豆沙馅上。把另一块土豆面团擀成同样大小的块，放在京糕片上面铺平；然后改刀切成同样大小两块，将其中的一块撒上红色糖粉，另一块撒上绿色糖粉。

（5）将红、绿土豆坯拼好，切成4条，再把每条各切成5块，上蒸锅蒸制即成。

3. 产品特点

本品花色美观，清香味甜，富含糖类和蛋白质。糖尿病患者不宜食用。

（四十）油炸土豆卷

1. 原料

干土豆粉80份，压缩鲜酵母10份，土豆淀粉20份，盐2份，蔗糖2份，水120份。

2. 制作方法

（1）和粉：将3/4的水加热至沸，加到10份土豆淀粉中，使其成胶凝状。

（2）溶料：将剩余的水用来溶解糖和盐，并使压缩酵母悬浮于水中。

（3）配料：将胶凝土豆淀粉、糖和盐溶液以及酵母悬浮液一并与土豆粉混合，倒入另10份未胶凝的土豆淀粉，和匀，擀成0.5～2.0毫米厚的小块，放在30℃的条件下，再发酵20～30分钟。

（4）煎炸：入油锅煎炸，即呈卷状。

3. 产品特点

本品含油量低于20%，香甜可口。

（四十一）冰冻土豆块

1. 原料

鲜土豆、食用油。

2. 制作方法

（1）原料预处理：将好的土豆洗净，除去表皮，并进行切分（可切为圆条、圆圈、小方块形）。

（2）预煮：将切好的土豆放入沸水中预煮数分钟，捞出沥干水。

（3）油炸：将沥干水的土豆块放入热油中稍加炸制，即捞出。

（4）冷冻：用专门的冷冻设备，将稍加油炸后已冷却的土豆块放入－18℃或更低的温度下冰冻，可以贮藏9～12个月。

（5）食用前，再用热油炸一下（3～5分钟），即可用来做菜，或是在菜快煮熟时放入菜内也可。

3. 产品特点

本品贮存期长，食用方便，在土豆生产淡季，照样可满足消费者需要。

（四十二）牛肉土豆饼

1. 原料

（1）皮料：去皮熟土豆500克，熟面粉100克，猪油50克，网油150克，淀粉25克，鸡蛋2个，白糖10克，盐、咖喱粉、鸡精、香油各适量。

（2）馅料：牛肉250克，芜菁25克，生油、糖、盐、咖喱粉、淀粉、姜汁、黄酒各适量。

2. 制作方法

（1）将牛肉洗净，切碎，加入各调味料，拌匀后腌渍片刻。

（2）油锅烧热，放入牛肉，并下其他馅料炒熟，最后放淀粉兑水调成的浆，拌匀出锅，晾凉，即为熟馅。

（3）将去皮的熟土豆捣碎成蓉，加入熟面粉、猪油等配料揉匀，分成 20 个剂子。

（4）网油用清水漂洗干净，晾干水分。

（5）在每个剂子中包入 15 克熟馅，再用拍过淀粉的网油裹好，略压成扁圆形，蘸蛋液，入热油锅中炸至金黄色即可食用。

3. 产品特点

本品色泽金黄，外脆内软，鲜香味美。

（四十三）土豆酸奶

1. 原料

鲜土豆、鲜牛奶、白糖、发酵酸奶。

2. 制作方法

（1）土豆浆制备：将土豆清洗干净，去掉表皮，切成 1～2 厘米见方的薄方块，用清水浸漂数分钟后，放入沸水中预煮 3～5 分钟，稍冷后倒入捣碎机中，打成土豆浆。

（2）配料：土豆浆 40%，鲜牛奶 60%，混合均匀，可入捣碎机中捣匀。

（3）杀菌、冷却：100℃高温下杀菌 20 分钟，加入煮沸溶化好的糖溶液（浓度为 5%），捣匀，冷却至 30℃。

（4）接种：取市售的发酵酸奶接种，接种量为 4%。

（5）装瓶、培养：在常温下发酵 3～5 小时，再放入冰箱 5℃低温环境中发酵 12 小时，即为成品。

3. 产品特点

本品为乳白色或微黄色，凝块均匀，质地细腻，无气泡，口感、香味自然，且具有营养价值高、价格低廉等优点。

（四十四）土豆淀粉

1. 原料

鲜土豆。

2. 工艺流程

洗涤→磨碎→筛分→流槽分离→清洗→脱水→干燥→包装→成品

3. 制作方法

（1）洗涤：用洗涤机清洗土豆，除去夹杂的泥、石块、茎叶和黏附在土豆表面的泥沙等杂质，用水量约为原料的5倍。

（2）磨碎：将洗净的土豆送入磨碎机进行磨碎。

（3）筛分：要对磨碎的土豆糊进行筛分，可用平摇筛或离心筛。在筛分的过程中要加水洗涤，筛下的为淀粉乳，筛上的渣子再加水进行第二次筛分，回收部分淀粉。清洗后的渣子可作为饲料加以利用。

（4）流槽分离和清洗：将经筛分来的淀粉乳先在流槽内分离蛋白质等杂质，再在清洗槽内进行清洗。从流槽中分出带有淀粉的黄浆水，送入流槽回收淀粉，再经清洗槽得到次淀粉。

（5）脱水、干燥：淀粉经清洗后，含水量很高，必须用离心机脱水，得到含水量为45%的湿淀粉，经气流干燥机干燥后得到含水量约为20%的干淀粉。

（6）包装：将干燥好的淀粉进行包装即成。

4. 产品特点

本品因采用小型生产设备生产，故比手工生产简单。尤其用气流干燥机进行干燥，不仅干燥速度快、效率高，而且具有生产能力较大、造价比较低等优点。该淀粉可配做各种食品。

（四十五）果味土豆羹

1. 原料

土豆淀粉、砂糖、果汁、炒熟的面粉。

2. 制作方法

（1）调料：取一瓷匙土豆淀粉，加适量糖，用少量凉开水将淀粉调开，加入小勺熟面粉，搅匀。

（2）沸水冲调：倒入一杯沸水，边冲边搅动，最后加入小杯橙汁，搅均匀，即成。

3. 产品特点

本品为黄色羹体，口感细腻，清香可口，甜而不腻，老少皆宜。糖尿病患者不宜食用。

（四十六）魔芋片

1. 原料

新鲜魔芋。

2. 制作方法

（1）原料清洗：除去魔芋球茎上的须根及小球，盛入箩筐内，置于流水中，脚穿草鞋踩踏，或用木棍装上横木，不断搅拌摩擦，除去黑皮。然后用竹刀或钢刀（忌用铁刀）刮净黑皮，再冲洗干净。

（2）切片：将洗净的魔芋切成2.1～2.4厘米厚、3.3厘米宽的方形或三角形片。

（3）浸泡：将切好的魔芋片立即投入清水中浸泡2～3天，使有毒的生物碱溶于水中。注意每天换水2～3次。

（4）烘烤：浸泡后，及时用烧旺的炭火烘烤，一次加足炭，不要中途加炭，以免突然降温，影响制品质量。为了提高魔芋片的白度，炭不能带烟火。

（5）晒干：当芋片烤至三四成干时，取出晒干，即为干魔芋片。

3. 产品特点

本品呈白色片状，为制魔芋精粉的原料。

（四十七）魔芋面条

1. 原料

面粉100千克，魔芋精粉200克。

2. 制作方法

（1）糊化精粉：先将魔芋精粉按0.2%的比例加温水糊化，边加边搅拌，防止结成团块。

（2）和面：将面糊状的魔芋粉浆加入面粉中，加适量水，揉成面坯。

（3）压条、烘干：按常规加工挂面的方法，先压条，再放入烘干室烘干。

（4）烘干：分为低温定条、高温烘干、低温冷却3个阶段。低温定条阶段温度为18℃，高温烘干时的温度为39℃，低温冷却时温度为26℃，即得魔芋面条。

3. 产品特点

本品颜色增白，久煮不烂，不浑汤，不断面，口感细滑、绵软。煮熟的面条在水中放一天，仍可保持原状，不散不泥，回锅口味如初。

（四十八）魔芋粉条

1. 原料

豆粉（或玉米粉、土豆粉、红薯粉、米粉）、魔芋精粉。

2. 制作方法

（1）把一定比例的魔芋精粉糊化后，加入不同的制粉原料中，然后按常规制粉工艺生产即可。

（2）在各类淀粉原料中添加魔芋精粉的比例如下：

粉条种类	豆　粉	玉米粉	土豆粉	红薯粉	米　粉
魔芋精粉量（干重百分比）	0.1～0.5	0.5～1	0.5～1	0.5～1	0.1～0.5

（3）魔芋精粉的糊化方法：取1份魔芋精粉，兑60～100倍热水（水温50℃～60℃），搅拌均匀，在室温下放置（室温20℃～25℃最好）4～6小时。放置过程中，每隔半小时搅拌1次，成为糊精后便可按比例添加了。

（4）以豆粉为例，介绍制作方法如下。

①先将含水40%～50%的豆类湿淀粉捣碎，取其6%～7%的湿淀粉，加入0.2%的魔芋精粉被糊化的浆糊，用0.5倍的50℃以上的温水搅成稀糊；再用1倍量于原粉的沸水急冲于稀糊中，用力搅拌至形成透明均匀的粉糊；然后将粉糊倒入剩余的湿淀粉中充分捏合；同时加入相当于淀粉量0.2%的明矾（先将其用水溶解成水溶液），制成半流动状的粉团（粉团应注意保温，以免发硬）。

②漏粉丝：用大锅烧好沸水，将粉团放入漏勺，漏勺孔眼直径1～2毫米；一手掌勺，一手叩打粉团，粉团流经孔成细丝，落入沸水中凝固后而漂浮在水面，捞出；置于冷水中片刻，捞出再用竹竿晾干，即得粉丝。

3. 产品特点

本品为色白、耐煮、不浑汤、不易断条、久放不泥、食用口感细腻且柔韧的成品。干粉条耐贮藏（可贮藏半年以上），耐搬运，质量比不添加魔芋精粉的粉条大有提高。

（四十九）魔芋豆腐

1. 原料

魔芋精粉、大豆。

2. 制作方法

（1）将魔芋精粉按豆腐生产量（原料干重）0.1%的比例称好，并用温水将其糊化备用。

（2）按常规制作豆腐的方法泡豆、磨浆、滤浆等。

（3）在熬制前把魔芋糊精按比例加入豆浆中，充分搅拌均匀。

（4）将搅拌均匀的豆浆熬浆，点卤，上箱成型。

（5）注意事项

①魔芋精粉的糊化加水量可按一份精粉加 80 倍水的比例搅拌糊化，其水温糊化过程中的条件与前同。

②在配制的豆浆中加糊精混合液时，可先将糊精用少量的豆浆水稀释后加入大锅豆浆中，使之混合均匀，不致结团。

③点卤材料以盐卤为好，用石膏亦可以，但微有苦味，影响豆腐风味。

④若制作豆腐干、豆丝、素鸡等豆腐制品，可适当增加魔芋精粉的用量。

3. 产品特点

本品制作工艺简单，与制普通豆腐无异；但制出来的豆腐韧性强，保水性好，不易破散，口感细腻，外观白嫩，烹调时，吸味性强。用魔芋豆腐制作的豆腐干、豆丝、素鸡等食品更接近肉食品的风味，还增添了有益于人体的半流质纤维，从而弥补了植物蛋白的不足。

（五十）魔芋米豆腐

1. 原料

魔芋片 0.5 千克，大米（或玉米）0.25 千克。

2. 制作方法

（1）浸水：将魔芋片和大米（或玉米）浸泡在水中，常换水，以清除残毒。

（2）磨浆：待原料久泡发胀后，再用石墨磨成浆。

（3）煮浆：把浆放入锅中加热，用木棍不断搅拌，至完全煮熟。

（4）摊凉：将煮熟的魔芋米浆铲起放入簸箕摊凉，其厚度不超过 2.5～3 厘米。

（5）切块：摊凉后，用刀将其切成块状。

（6）浸泡：将切好的块放入清水中浸泡数天，并常换水，直到水没有怪味时，即可食用。

（7）注意事项：由于魔芋片膨胀系数高，为 20～30 倍，所以煮时，锅内应放足水。

3. 产品特点

本品口感细腻，保水性好，韧性强，烹煮不易破散，吸味性好。

（五十一）冻魔芋豆腐

1. 原料

魔芋豆腐。

2. 制作方法

（1）冰冻：将经过浸漂后的魔芋豆腐块放进冰箱内，冻一两个晚上，让豆腐内的水分结冰。

（2）溶解：将冰冻魔芋豆腐取出，放进温水中将冰溶化，挤去水，即得海绵状的魔芋豆腐。

（3）切片、干燥：将海绵状魔芋豆腐切成小片，晒干或烘干，即得冻魔芋豆腐干。

3. 产品特点

本品复水后，即可用来做菜，烧肉、煲汤均可，易贮藏，四季可用，烹菜方便，吸味性能特强。

（五十二）魔芋蛋糕

1. 原料

鸡蛋（或鸭蛋）1 千克、面粉 1.5 千克、糖 1.5 千克、魔芋精粉 1.5 克、泡打粉 33 克。

2. 工艺流程

调料→发泡→调面→浇模→装烤盘→烘烤→冷却→包装→成品

3. 制作方法

（1）调料：先将魔芋精粉按前述糊化方法制成糊浆；将鸡蛋洗净去壳，蛋液入锅，加入白砂糖，加进魔芋糊浆和泡打粉进行混合。

（2）发泡：加温（50℃左右离火），用搅蛋的甩子将混合料打成膨松体。

（3）调面：先把面粉过筛，除去杂质，再将面粉倒进鸡蛋糊里，边倒边搅，拌匀就行。

（4）浇模：在圆铁模子里（模子高 6 厘米，直径 25 厘米）铺好洁净白纸，将上述蛋糊倒入模内，摊平。

（5）装烤盘、烘烤：将模送入烤盘，再送入 180℃烤炉，大约烤 30 分钟，蛋糕表面有金黄色，手按有弹性即熟。

（6）冷却、包装：出炉后将蛋糕扣在铺好白纸的木板上，晾凉后进行包装，即为成品。

4. 产品特点

本品营养丰富，口感松软，老少皆宜。和普通面包相比，该品保水性好，不易发干掉渣，其弹性、韧性也较强，体积增大，存放时间比普通蛋糕延长4天以上。

（五十三）木薯淀粉

1. 原料

鲜木薯、0.3%的氢氧化钙。

2. 工艺流程

木薯→洗涤→去皮→磨碎→碱处理→漂洗→烘干→磨细、复烘→包装→成品

3. 制作方法

（1）洗涤：先清除木薯块根上附着的泥沙杂质，洗涤干净。

（2）去皮：剥去外皮，最好能脱掉内皮。因为有毒的氰化物绝大部分存在于皮层，将皮去净不仅能除去氰化物，还可防止淀粉着色，以保证淀粉质量。

（3）磨碎：将去皮木薯送入锯齿式圆辊磨碎机或锤碎机进行磨碎。可经过两道磨碎处理。在磨碎过程中，要不断加水，再引入离心筛或平摇筛分离渣子，并用流槽分离蛋白质和水溶性杂质，得到粗制淀粉乳。

（4）碱处理：在上述粗制淀粉乳中，加入0.3%氢氧化钠溶液进行碱处理，并洗净，或在粗制淀粉中加入各种酸和盐类等，能更好地清除各种杂质，得到较精制淀粉。

（5）漂洗：将经过碱处理或酸处理的淀粉用清水多次漂洗净，直至为中性。

（6）烘干：将漂洗好的淀粉倾去上层清液，取出粉块捣碎，放在铺有白布的板上，送进烘干室干燥。开始温度控制在40℃～50℃，待大部分水烘除后，可逐步升高温度。烘干过程

中，随时翻动捣碎，约 20 小时后取出。

(7) 磨细、复烘：用磨碎机磨碎，筛除杂质，再烘烤数小时，至装入干燥玻璃瓶中抖动时无黏结感，则取出冷却。

(8) 包装：磨细复烘的产品，用预先洗净的螺口玻璃瓶分装好，盖上塑料内外盖，瓶口套封口即为成品。

4. 产品特点

本品和其他淀粉一样，可直接食用，又是食品的原料，还可制糊精、酒精、葡萄糖、婴幼儿食品等。

(五十四) 凉薯果脯

1. 原料

凉薯、蔗糖、亚硫酸氢钠、氯化钙。

2. 工艺流程

原料处理→浸硫与硬化→糖煮→糖渍→干燥→杀菌→包装→成品

3. 制作方法

(1) 原料处理：对凉薯进行选择、浸泡、清洗、热烫去皮、修整及切块等工序处理。原料选择质脆、肥大、无霉烂、无病虫害的凉薯个体，先用清水浸泡 30 分钟；然后洗去泥沙及夹杂物等，放入沸水中热烫 2～3 分钟；然后趁热去皮并立即放入 1%～1.5%的食盐水中护色，并将其切成均匀的块状。

(2) 浸硫与硬化：将凉薯块放入 0.2%的亚硫酸氢钠和 0.1%的氯化钙溶液中浸泡 4 小时。中间翻动 1 次，再捞出用清水冲洗干净，沥干水分。

(3) 糖煮与糖渍：将凉薯块放入 20%的糖液中煮沸 15 分钟，并逐步分撒糖粉，使锅内糖浆浓度达 26%左右，然后再煮沸约 25 分钟，捞出放入 25%的冷糖液中浸泡 12 小时左右。

(4) 干燥：采用远红外低温干燥箱对凉薯脯进行干燥，干燥温度为40℃～45℃，时间为6小时左右。

(5) 杀菌：将干燥完毕后的凉薯脯送入无菌室中，采用紫外线杀菌。

(6) 包装：用食品塑料袋定量包装，即为成品。

4. 产品特点

本品为一种食用方便的糖渍蜜饯类小食品，味道甜美，色泽洁白，成本低。

(五十五) 瓶装凉薯

1. 原料

凉薯、蔗糖、柠檬酸、食盐、氯化钙。

2. 工艺流程

原料处理→漂洗→预煮→糖水制备→装瓶→排风→密封→杀菌→冷却→成品

3. 制作方法

(1) 原料处理：同凉薯果脯。

(2) 漂洗：用1%的食盐水漂洗数分钟。

(3) 预煮：将漂洗后的凉薯块取出，放入含有0.15%柠檬酸和0.2%氯化钙的溶液中进行预煮，凉薯块与预煮液比例为1∶1.2，时间为5～6分钟。

(4) 糖水制备：先配置20%～25%的糖液，并加入0.3%的柠檬酸，煮沸、过滤后备用。

(5) 装瓶、排风、密封：在消好毒的空大口玻璃瓶内，依凉薯块大小分别将其装瓶。排气温度为85℃～90℃，排气8～10分钟后，马上盖好盖密封。

(6) 杀菌及冷却：置沸水锅中杀菌15分钟后，取出自然冷却至室温，即为成品。放入冰箱，随吃随取。

4. 产品特点

本品形状大小均匀，色白如玉，酸甜可口，生津止渴。

（五十六）凉薯甜酱

1. 原料

凉薯碎料、白砂糖、柠檬酸、果胶。

2. 工艺流程

凉薯碎料→粉碎磨浆→软化浓缩→配料→杀菌→装瓶封口→冷却→成品

3. 制作方法

（1）凉薯碎料：利用制凉薯果脯、瓶装凉薯切块后的边角余料进行加工。

（2）粉碎磨浆：用胶体磨将洗净的碎料磨成浆体，颗粒尽量磨小。

（3）软化浓缩与配料：将凉薯浆体加入35%的糖液中煮沸，进行软化，并加以浓缩。浆体与糖液的比例为2∶1。当浆体熬成酱时，停止加热。根据个人口感要求调整酱的配方，加入适量的果胶和柠檬酸，并搅拌均匀。

（4）杀菌、装瓶封口及冷却：继续加热至95℃，1分钟后立即装入已经消毒的空玻璃瓶中，加盖封口，然后自然冷却至室温，即为成品。

4. 产品特点

本品酱体细腻，凉薯香味突出，酸甜可口，因原料是利用边角废料，故成本低，价廉物美。

（五十七）凉薯粒粒饮料

1. 原料

凉薯果粒14%，原汁12%，白糖9%，琼脂0.1%，柠檬酸

0.15%，加水至100%。

2. 工艺流程

原料处理→原汁制备→切粒→调配→装瓶杀菌→成品

3. 制作方法

（1）原料处理：将质脆、肥大、无霉烂、无病虫害的凉薯用清水浸泡半小时，除去泥沙及杂物；放入沸水中热烫2～3分钟，趁热去皮，并立即放入淡盐水中护色；切除两端粗纤维，并切成均匀的块状。

（2）原汁制备：将切块凉薯放入榨汁机打浆榨汁。榨汁经过双层纱布过滤，加热至80℃，维持2分钟，倒入密闭容器中，并加入0.1%琼脂；静置3小时，进一步去除杂质和聚沉物；再用4层纱布过滤，即得澄清凉薯原汁。

（3）切粒：将凉薯果肉切成4毫米见方的小颗粒。

（4）调配：将原汁、果粒、辅料置于锅中混合，搅拌均匀。

（5）装瓶杀菌：将拌匀的果粒凉薯汁装入有盖的玻璃瓶中，放入沸水中煮15分钟，冷却即成凉薯粒粒饮料。放入冰箱，随时可取用。

4. 产品特点

本品酸甜可口，凉薯滋味纯正，果粒清脆爽口，具有清凉祛暑、生津止渴之作用，适宜大众夏天祛暑解渴时饮用。

（五十八）凉薯饮料

1. 原料

凉薯、白糖、蛋白糖各适量。

2. 制作方法

（1）原料处理：将甘甜多汁的凉薯清洗干净，剥去外皮，切去端蒂，切成小片。

（2）榨汁打浆：将凉薯片放入榨汁机，加入5倍水，进行打浆。

（3）过滤预煮：将榨出的浆液用洁净的双层纱布过滤，滤渣加少许水再打浆1次。将两次滤液合并，入锅加热至80℃，维持2分钟。

（4）调味：将白糖、蛋白糖溶于热水，加入滤液，煮沸即可。

（5）静置冷却：将经预煮冷却后的汁液盛在密闭容器中，放进冷柜，静置一段时间，即成为清凉冷饮，可随意饮用。

3. 产品特点

本品澄清透明，具有生津止渴作用，适宜夏天炎热时饮用。

（五十九）山药脯

1. 原料

山药10千克，白砂糖6～7千克，柠檬酸适量，亚硫酸氢钠20克。

2. 工艺流程

原料选择→清洗→去皮、切分→硫处理→预煮→糖煮、糖渍→烘烤、包装→成品

3. 制作方法

（1）原料选择：选用条直顺、粗壮、无腐烂、充分成熟、新鲜的山药为原料。

（2）清洗：用流动水将山药充分刷洗干净，除去泥沙和污物。

（3）去皮、切分：用不锈钢刀或竹片刮去表皮，并修净根眼和残皮，也可用化学方法去皮；然后用清水洗净黏液，切分成厚0.5厘米的薄片。对于直径小的山药，可以将其斜切成片，也可切分为长5厘米，宽和厚各为1厘米的长条。

（4）硫处理：立即将切好的山药片放到浓度为0.2%的亚硫

酸氢钠溶液中，浸泡 2～3 小时。捞出后用清水分次漂洗干净，除去药液和胶体。

(5) 预煮：把洗净的山药片放入沸水中，预煮 5～10 分钟，捞出用冷水冷却，并沥干水。

(6) 糖煮、糖渍：分 3 次进行。

①第一次糖煮、糖渍：以山药片重 30% 的砂糖配成浓度为 40% 的糖液，并加入适量的柠檬酸，在锅中加热煮沸后倒入山药片，用文火微沸煮 5～8 分钟；然后将山药片与糖液一起倒入缸内，糖渍 8～12 小时。

②第二次糖煮、糖渍：捞出糖渍的山药片，添加砂糖，将糖液浓度调配成 50%，放入锅中煮沸，倒入山药片，用文火煮制 10 分钟左右，把山药片和糖液一起倒入缸内糖渍 8～12 小时。

③第三次糖煮、糖渍：从缸中捞出糖渍的山药片，添加砂糖，将糖液浓度提高至 60%，煮沸后，倒入山药片，文火煮制 15～20 分钟，至糖液浓度达 65%，将山药片同糖液一起放入缸内糖渍 12～24 小时。

(7) 烘烤、包装：捞出经过 3 次糖渍的山药片，沥干糖液，摆放于烘盘或竹屉上，送入烘房，在 60℃～65℃温度下烘烤 8～12 小时，直至不黏手，即制成山药脯。经冷却，剔除碎片和杂质，用聚乙烯薄膜袋包装。

4. 产品特点

本品呈白色或微黄色，色泽均匀一致，有光泽，片形完整、饱满，质地柔韧，不黏手，不返砂，不流糖，滋味清甜纯正。糖尿病患者不宜食用。

(六十) 菊芋脯

1. 原料

菊芋（洋姜）10 千克，白砂糖 7.5 千克，柠檬酸、亚硫酸氢钠各适量。

2. 工艺流程

菊芋初处理→去皮、切分→硫处理→烫漂→糖煮、糖渍→上糖衣→包装→成品

3. 制作方法

(1) 菊芋初处理：选用块形完整、肉质细腻嫩脆、粗纤维少、无病虫害的新鲜菊芋为原料。先用清水浸泡20～30分钟，软化沾污的泥土，再用流动水将其彻底洗刷干净。

(2) 去皮、切分：用竹片或者小刀刮去菊芋的表皮，削除斑痕和损伤部分，然后切分成厚度为0.3～0.5厘米的薄片。

(3) 硫处理：立即将切好的菊芋片放入浓度为0.2%的亚硫酸氢钠水溶液中浸泡4小时左右，捞出用清水冲洗干净，沥干水分。

(4) 烫漂：将上述菊芋片放入沸水中烫漂3分钟左右，待菊芋片半透明时，捞出，迅速用冷水冷却，并沥尽水分。

(5) 糖煮、糖渍：分3次进行。

①第一次糖煮、糖渍：以芋片重量的30%的砂糖配制成浓度为40%的糖液，在锅中煮沸，倒入芋片煮制6～8分钟，将芋片连同糖液一起倒入缸中，糖渍12小时。

②第二次糖煮、糖渍：将上述芋片捞出，沥尽糖液，加砂糖，调配糖渍液浓度至55%，并加入0.2%～0.3%的柠檬酸，煮沸后倒入经糖渍的芋片。继续煮制8～10分钟，连同糖液一起移入缸中糖渍12小时左右。

③第三次糖煮、糖渍：从缸中捞出芋坯，沥尽糖液。将糖渍液的浓度调配至65%，并加入少许蜂蜜，在锅中煮沸后，倒入菊芋片，用文火微沸煮制15～20分钟，直至糖液浓度大于20%，将芋坯连同糖液一起倒入缸中糖渍10～20小时。

(6) 上糖衣：将上述芋片坯捞出，沥尽糖液，放在现配制的

过饱和糖液中，不断翻拌，使菊芋片均匀包裹一层糖衣，摊开晾干即可。

（7）包装：将晾干的芋片脯中的碎屑和杂物剔除，用聚乙烯薄膜袋进行定量密封包装，即为成品。

4. 产品特点

本品为半透明黄白色糖菊芋片，片形完整、饱满，厚薄均匀一致，质地细腻、脆嫩，表面有糖霜，不黏着，无杂质，甘甜纯正，清香可口。糖尿病患者不宜食用。

（六十一）泡咸芋头

1. 原料

芋头3千克，优质老盐水2千克，干红辣椒100克，红糖、精盐各30克，香料包1个（花椒、八角、桂皮、小茴香各5克）。

2. 制作方法

（1）将优质芋头去粗皮，用清水洗净杂质和污物。

（2）将芋头放入浓度为25%的盐水中，盐渍5天，捞出沥干表面的水分。

（3）在优质老盐水中加入干红辣椒、红糖、精盐，将其调匀，使红糖和精盐溶解。

（4）装坛：将芋头和香料包装入坛中，用竹片卡紧，上面压一重石，盖上盖，添足坛沿水。

（5）发酵：将坛子放置阴凉通风处，泡制1个月左右即成。

3. 产品特点

本品色泽呈灰褐色，咸酸香脆，回味稍甜，属四川风味。

二、豆类制品

（一）全脂大豆粉

1. 原料

大豆。

2. 工艺流程

原料除杂→烘烤→冷却脱壳→除壳→锤碾成片→蒸煮→烘干→冷却→碾磨、过筛→装瓶

3. 制作方法

（1）原料除杂：首先将大豆中的草屑、坏豆、砂石等杂物清除干净。

（2）烘烤：将干净的大豆放进卧式烘烤炉加热烘烤数分钟。

（3）冷却脱壳：马上将加热后的豆由金属网运输带送进冷气冷却室，由于温度突然降低，壳子将收缩破裂而松落。冷却后，送进整理混合机，经搅拌器的冲击，从而达到脱壳的目的。

（4）除壳：将豆粒、豆壳放在普通的水洗设备中分离。经过搅拌，壳子浮到上面，较重的豆粒沉到底部，便可将豆壳除去了。

（5）锤碾成片：锤碾脱壳的大豆，使豆粒成为片状物。

（6）蒸煮：马上将上述片状物放进高压锅里蒸煮，用蒸汽加热到 100℃，水分在 18%～21%。

（7）烘干：将蒸好的豆片烘干，使水分降至 3.5%～4%。

（8）冷却、碾磨、过筛：对豆片进行碾磨、过筛、烘烤后，

将温度迅速降到32℃左右，再将其碾磨成粉状物，通过42～47目的筛子，便可得优质的全脂大豆粉。

(9) 装瓶：将上述豆粉装入干燥洁净的瓶中，即为成品，随用随取。

4. 产品特点

本品富含蛋白质、不饱和脂肪、糖类和食用纤维素等营养成分，是做糖炼乳和各种大豆饮料及点心的好原料。

(二) 高营养黄豆粉

1. 原料

炒黄豆粉24匙，脱脂奶粉7.5匙，砂糖6.5匙，干紫菜7.5匙，炒熟芝麻粉8.3匙，精盐0.2匙。

2. 制作方法

(1) 将上述各原料放在一个干燥洁净的大盆里充分混合均匀。

(2) 放入洁净干燥的瓶中，盖严备用。

3. 产品特点

本品营养丰富，黄豆粉中的蛋白质中缺乏人体必需氨基酸——蛋氨酸，而芝麻中含有较多的蛋氨酸，因此黄豆粉与芝麻粉营养成分可互补，从而大大提高了黄豆粉的营养价值。

(三) 美味酥豆

1. 原料

黄豆1千克，面粉400克，生粉（即淀粉）400克，白糖600克，五香粉20克，熟白芝麻750克，奶油250克，泡打粉50克，食油5千克（实耗500克），精盐适量。

2. 工艺流程

黄豆→除杂→洗净→浸泡→上粉衣→油炸→沥油→上糖→粘

芝麻→晾凉→包装→成品

3. 制作方法

(1) 除杂、洗净：选用颗粒完整、无霉烂、无虫蛀的优质黄豆，拣去杂质，筛去泥沙，洗干净。

(2) 浸泡：放入沸水中浸泡至发涨。

(3) 上粉衣：首先将面粉、生粉、泡打粉放入一干燥盆内，混合均匀，即为混合粉；另取一干净盆，撒入一层上述混合粉，再放入经泡涨的黄豆，然后双手端盆摇晃（用机械更好），使黄豆打滚而蘸上混合粉；再洒上少许盐水于黄豆上，并撒上少量混合粉，再摇晃。如此反复多次，使黄豆外表形成一层厚粉衣。

(4) 油炸：锅上火，下油，烧至六成热时，放入裹好粉的黄豆，小火炸至变酥时离火，任其在油中浸泡半小时。

(5) 沥油：将炸好的黄豆倒入漏油勺，沥干油。

(6) 上糖、粘芝麻：将锅重上火，下白糖、精盐、奶油、五香粉，并加入少许水。用小火炒至白糖溶化，并接近拔丝时，倒入炸好的黄豆，立即颠翻，使黄豆均匀粘上糖浆，离火。撒上熟白芝麻，并用小铲不停地翻拌，至黄豆粘满芝麻而不粘成团时出锅，摊摆于干燥的平盘内。

(7) 晾凉、包装：待平盘上的黄豆凉透后，即可用塑料袋定量包装，即为可售成品。

4. 产品特点

本品香甜、酥脆可口。

（四）雪花豆

1. 原料

生黄豆 2.5 千克、绵白糖 3 千克、饴糖 250 克、擦锅油适量。

2. 工艺流程

黄豆→炒豆→熬糖、淋糖→冷却→包装→成品

3. 制作方法

（1）炒豆：选取颗粒均匀饱满的黄豆，用净沙炒熟，筛去沙，放冷后，倒入擦了油的锅里待用。

（2）熬糖、淋糖：分三次进行。

①第一次：用1/3的绵白糖和1/3的饴糖，加少量清水，在火上进行熬制，熬至110℃，将糖浆离火，再缓缓淋到熟黄豆里，边淋边摇动黄豆，使之粘糖均匀。

②第二次：又取1/3绵白糖和饴糖，加少量清水进行熬制，熬到120℃左右，便将糖浆离火。如第一次方法，进行第二次淋糖。

③第三次：将剩余的1/3绵白糖和饴糖进行熬制和淋糖，熬糖温度提升至130℃左右。

（3）冷却、包装：将经过3次淋糖的黄豆自然冷却，再入瓶密封或用食品塑料袋包装，扎紧袋口即可，随吃随开。

4. 产品特点

本品外观雪白，颗粒均匀、不粘连，糖衣不脱落，香酥甜脆，为大众喜爱的小食品。

（五）美味香辣豆

1. 原料

黄豆1千克，辣椒粉50克，细姜丝30克，花椒粉5克，八角粉5克。

2. 工艺流程

黄豆→浸泡→去皮→煮制→沥干→发酵→拌料→晾晒→装坛→密封、储存

3. 制作方法

（1）浸泡：选取颗粒完整的优质黄豆，用清水浸泡 18 小时。

（2）去皮：用手工或机械将泡发的黄豆除去表皮，并冲洗干净。

（3）煮制：将上述黄豆放入水锅中，置旺火上煮至熟透（但颗粒应完整）。

（4）沥干：将熟透了的黄豆捞出，沥干水分。

（5）发酵：趁热把黄豆放入干净大蒲包或食品袋中，外裹一层稻草或薄棉被，捆紧，放置温暖干燥处进行发酵。温度应保持在 20℃～25℃，约经 5 天时间，即可长出一种白而带绿色的黏丝菌毛。此时便可出包。

（6）拌料：把出包的黄豆倒入洁净的盆中摊开，将盐用热水溶化后浇淋在黄豆上，随即撒入花椒粉、八角粉、辣椒粉、细姜丝，用筷子反复搅拌，使之沾味均匀。

（7）晾晒：将沾了味的黄豆放到阳光充足的地方晾晒 4～5 天。

（8）装坛：先将坛子洗净消毒，再将沾了味的黄豆放入已消过毒的坛子中。

（9）密封、储存：将坛子进行密封，入柜储存。开坛食用时，淋入少许香油或花椒油，拌点蒜末即可。

4. 产品特点

本品色泽黑红，质地脆嫩，咸鲜香辣，不仅能增进食欲，而且还是下酒佐餐的优质小菜。

（六）黄豆酥糖

1. 原料

黄豆 5 千克、面粉 1.25 千克、绵白糖 3.75 千克、饴糖 2 千克。

2. 工艺流程

原料预处理→炒豆→磨粉→和料→熬糖、保温→成型→包装→成品

3. 制作方法

(1) 原料预处理、炒豆：将黄豆洗净晾干后，用沙将豆炒熟，筛去沙。将面粉蒸熟，晾凉。

(2) 磨粉：将炒熟的黄豆磨成细豆粉。

(3) 和料：将上述面粉、豆粉和绵白糖放在容器中，用木杵将其捣匀，然后过筛待用。

(4) 熬糖、保温：将饴糖下锅煎熬，尽可能熬稠，但不可熬糊。熬好后，放入小缸内，将小缸放入热水中，保持饴糖温度。

(5) 成型：取面、豆、糖粉的混合粉 0.5 千克，在台板上先撒一层，再取 0.25 千克饴糖放在撒好面的台板上，表面撒上粉，用擀杖擀成长方形。将其余的豆、面粉均匀地撒在饴糖上，占 2/3 的面积，把没撒面的 1/3 折叠在撒好粉的一面，再翻在另外 1/3 上，即成为 3 层。再取 0.5 千克豆、面、糖粉的混合粉，如上法再做一次。如此反复 3 次之后，用手将糖捏成长形，用木板扎紧、扎实，成为约 1.7 厘米厚的块，再切成四方小块。注意工作间温度应保持在 20℃以上。

(6) 包装：因豆酥糖容易返潮，故要用塑料袋装好，放在底层装有生石灰的木箱里即可。

4. 产品特点

豆酥糖蛋白含量高，香甜可口。

(七) 豆渣脆果

1. 原料

湿豆腐渣 200 克，面粉 200 克，淀粉适量，盐 1.6 克，果酱适量，食用植物油 500 克（实耗约 50 克），白砂糖 30 克。

2. 工艺流程

和料→静置→成型→油炸→冷却→包装→成品

3. 制作方法

（1）和料：先将糖放进豆渣，并加进适量淀粉和精盐，和匀；放置一段时间，待糖溶化，再加入面粉和果酱，并揉搓和熟。

（2）静置：将和好的料静置1～3小时。

（3）成型：把上述混合料擀成薄片，切成三角形或菱形。

（4）油炸：把油烧至八成热，下料片，炸至呈棕色，即刻捞出，沥干油。

（5）冷却、包装：待料片冷却后，用塑料袋进行包装，即为成品。

4. 产品特点

本品色泽棕黄，酥脆清香，咸甜可口，久食不厌。

（八）豆渣面片

1. 原料

豆腐渣、微碱液（碳酸氢钠）、面粉、淀粉、水、调味料（糖、盐、芝麻等）、膨松剂。

2. 工艺流程

碱浸→和料→蒸煮→轧片→冷却→成型→干燥→包装→成品

3. 制作方法

（1）碱浸：将豆腐渣放入碳酸氢钠微碱液（pH试纸测试值为7.5～8.5）中，浸渍5～12小时，使其纤维质软膨润。

（2）和料：在100份豆腐渣中加入120～180份的面粉、30～70份的淀粉和12～28份的水，另外可根据需要加些调味料和膨松剂，然后充分捏和均匀。

（3）蒸煮：将捏和好的面团入蒸笼进行蒸煮，得到强度和弹性适宜的熟面团。

(4) 轧片：用轧辊将熟面团轧成厚1～3毫米的薄片。

(5) 冷却、成型：待面团冷却、熟化后，将其切成大小合适的形状。

(6) 干燥、包装：将上述切好的面片进行干燥，直至含水分13%～20%时，即可包装为成品。食用前，可将干燥的豆渣面片经油炸或预热后经油煎，加以个人喜爱的调料蘸食。

4. 产品特点

本品营养丰富，松脆芳香，十分美味可口。

(九) 甘凉绿豆糕

1. 原料

绿豆粉12.5千克，绵白糖13千克，香油3千克，豆沙馅料27.5千克，柠檬黄色素3克，香油1.5千克。

2. 工艺流程

制绿豆粉→调粉→成模→蒸煮→晾凉→包装→成品

3. 制作方法

(1) 制绿豆粉：挑选无霉烂绿豆，筛去泥沙杂物。洗净后，下锅蒸煮至皮破开花，取出用清水冲洗后晒干。上粗磨褪除豆皮，再上精磨磨粉，筛除粗粉后即制得绿豆粉。

(2) 调粉：先在调粉机内放入绵白糖，再加入相当于绿豆粉量10%的水和柠檬黄色素，搅拌均匀；再加入绿豆粉和香油，搅拌混合均匀，使料软硬干湿适度；调好后取出，过16目的筛，使料粉充分松散。

(3) 成模：用硬木制成的成型模子，可根据需要制成四方形、长方形、六角形、梅花形等，还可以刻上花纹图案。料粉入模前，涂上薄层香油，再将料粉撒满木模。将预先揪好的豆沙馅小块剂子放在木模中心处，上下四周用料粉填平，翻转印模，用木棒轻敲底面，扣在垫有纸垫的蒸板上。也可先将料粉撒满木模后，用手指轻压印模，去掉1/3左右的料粉，再放入预先制成的豆馅剂子，用手压实后再撒满料粉，刮平。

(4) 蒸煮：扣在蒸板上的绿豆糕生坯，可用高压蒸汽柜蒸煮，也可用大蒸笼蒸熟。要掌握好蒸煮时间，至粉的边缘发松、不粘牙时即可。

(5) 晾凉、包装：从蒸板上取下绿豆糕，让其充分过风凉透，方可包装，即为成品。

4. 产品特点

本品呈黄绿色，组织松软细腻，豆沙隐约可见，细腻爽口，芳甜甘凉，具绿豆特有清香，且有解暑之功效。

(十) 玉豆凉糕

1. 原料

玉米淀粉36克，豆乳360毫升，砂糖40克，即席咖啡10毫升，成型工具胶模4个。

2. 制作方法

(1) 配料：将上述各原料放入锅中，充分搅拌。

(2) 蒸煮：用中火将上述混合料加热，同时边快速搅拌边蒸煮，至呈黏糊状为止。

(3) 装模：用水将胶模润湿，并将上述糊状物趁热倒入胶模中。

(4) 冷却：待糊状物在冷藏库中冷却凝固后，放入盘中即为成品。

3. 产品特点

本品晶亮，呈咖啡色，香甜可口，凉爽宜人。

（十一）豆制凉粉

1. 原料

湿淀粉（蚕豆粉或者绿豆粉）500 克，香醋 100 克，榨菜末 250 克，蛋皮末 250 克，熟肉末 200 克，辣油辣酱 250 克，虾蓉 15 克，蒜泥 15 克，酱油、味精、精盐、香油各适量。

2. 制作方法

（1）洗粉：将湿淀粉放在钵内，用大量清水搅拌，待淀粉沉淀后把水倒掉。反复多次，直至湿淀粉中的酸异味彻底消除。

（2）制糊成坯：将锅置旺火上，倒入沸水 1.75 千克；先用清水 250 克把湿淀粉稀释后，加盐拌匀，然后缓缓倒入沸水锅中，边倒边用勺子搅拌，使淀粉充分受热膨胀，糊化成淀粉糊；烧沸后将锅离火，加入味精，搅匀，冷却后即成淀粉坯。

（3）装盘配料：用特制的金属刨子将粉坯刨成粉丝，分装成 20 盘，淋上辣椒油、香醋和酱油，撒上榨菜末、熟肉末、虾蓉、蛋皮末、蒜泥、香油，拌匀即可食用。

3. 产品特点

本品晶亮柔软，口味鲜香，微辣凉爽，为夏季时令小食，单吃或佐酒皆宜。

（十二）高产豆腐

1. 原料

黄豆 5 千克，熟石膏粉 100～150 克。

2. 工艺流程

黄豆→选豆→泡豆→磨浆→煮浆→点浆→上包→拆包→划块→成品

3. 制作方法

（1）选豆：选用籽粒整齐饱满的黄大豆做原料，清除霉烂豆及其他杂质。

（2）泡豆：泡豆用水量为豆的3倍，泡豆时间长短随气候不同而异，泡到用手掐豆无硬感为止。通常室温在15℃以下时，泡6～7小时；20℃左右则泡5.5小时；25℃～30℃时，泡5小时。

（3）磨浆：磨两次浆，边磨边加水。第一次加水15千克，第二次加水7.5千克，加水要均匀。磨完浆，还需滤浆。

（4）煮浆：煮浆时要注意防止糊锅、溢锅。用温水开锅，要全开，烧开后2～3分钟，用勺扬，防止溢锅，严禁加凉水。

（5）点浆：点浆时要将熟浆放到缸内加盖，盖8～10分钟，待浆降温至80℃～90℃时点浆。将100～150克熟石膏粉放入3.5～4千克洗浆水，搅匀，待10分钟后进行细点。要注意均匀一致，勤搅轻搅，不能乱搅。当出现芝麻大的颗粒时，停点，停搅，不能移动，加盖30～40分钟，待温度下降至70℃左右时压包。

（6）上包：用20℃～30℃的温水洗包布，上包后要包严，加木盖并用重物压2小时左右。

（7）拆包、划块：拆包后，将豆腐划成方块，洒上冷水，使豆腐温度下降后，再放在工具盒内，用凉水浸泡。凉水要超过豆腐面，使其与空气隔绝。浸泡时间的长短，视对豆腐软硬程度的不同需要而定。

4. 产品特点

本品洁白细腻，有弹性，块形整齐，软硬适宜，且产量高，平均每1千克黄豆可出豆腐4千克左右。

（十三）山芽健脾豆腐

1. 原料

豆腐若干千克，山楂150克，谷芽150克，麦芽150克，神曲 150 克，薄荷 100 克，麦芽糖 300 克。

2. 制作方法

（1）和料：将山楂、谷芽、麦芽、神曲、薄荷等料混合，粉碎成粉末。

（2）加糖成胶：先将麦芽糖倒入锅里，并将上述混合粉末一并放入锅里，加微火溶化，边加温边搅拌，直至成胶乳状。

（3）制“海绵豆腐”：先将豆腐切成约 1 厘米厚的片，入冷冻室速冻至豆腐发泡成“海绵”状取出。

（4）涂糖：将胶溶态的山楂麦芽糖涂抹在两片豆腐中间，合拢起来，即成山芽健脾豆腐了。

3. 产品特点

本品由于加有山楂等中草药，具有开胃健脾、化食消滞之功效，故在膳食中可起到帮助消化、开胃解酒的作用。

（十四）冻豆腐干

1. 原料

生豆腐。

2. 工艺流程

生豆腐→切块→冷冻→成熟→解冻→脱水干燥→包装→成品

3. 制作方法

（1）切块：将生豆腐（质地要求稍硬）切成约 8 厘米×6 厘米的方块。

（2）冷冻、成熟：用冷冻装置把生豆腐急速冷冻，然后送入 −2℃～−3℃成熟室（家里则送入冰冻柜即可）放 16～20 小时，使之成熟，此工序为冻豆腐味道鲜美关键所在。

（3）解冻：把从成熟室取出的冻豆腐用水淋浴解冻。

（4）脱水干燥：将解冻的豆腐拧干水（量大则可用脱水机脱水），再放入装有自动控温装置的干燥室进行干燥，使之成冻豆腐干。

(5) 包装：检查其质量后，用食品塑料袋定量包装，即为成品。

4. 产品特点

本品营养丰富，富含蛋白质、不饱和脂肪酸、卵磷脂等，对降低人体中的胆固醇，防止动脉硬化有一定作用。它还含有丰富的维生素 E，对抗衰美容有积极作用，而且食用方便，稍加复水后，蒸、烧、炒肉都很入味。

(十五) 豆腐干

1. 原料

大豆、凝固剂、卤水（氯化镁、氯化钙、氯化钠等）。

2. 制作方法

(1) 制浆：将大豆洗净后，在水中浸泡 12 小时，磨碎，在磨碎物中添加 9 倍的水煮沸 5 分钟，过滤得到豆浆。

(2) 煮浆：将豆浆在 5～10 分钟内煮沸，再添加 20%～25%的水，以利压榨时水分排出通畅。

(3) 凝固：使用卤水凝固较好，即用氯化镁或氯化钙、氯化钠等点卤。豆腐汁一般在温度为 85℃时开始点卤，20℃停点。点卤过程约 1 小时。

(4) 划脑：上包前要把豆腐脑划碎，能使豆腐脑均匀地摊在包布上，制出的产品质地紧密，并且可避免厚薄不均、空隙较多的毛病。

(5) 上包：包布为长条形。将包布铺在格板上，板上的格子大小按所需要的豆腐干的尺寸制定。按照一层豆腐脑一层包布的顺序上包。豆腐脑要铺均匀，可稍高于格子几毫米，所多出来的高度要根据豆腐干的厚薄来确定，但每批厚薄要一致。扎紧包布，加压成型，1 小时后拆下包布，用力将豆腐干按格子印割开，即得豆腐干。

3. 产品特点

本品为豆腐的半脱水制品，含水量为豆腐含水量的40%～50%。

（十六）美味豆腐干

1. 原料

市售豆腐干（5厘米×5厘米）100块，辣椒粉适量，五香粉5克，食盐10克，酱色7.5克。

2. 制作方法

（1）制卤汤：用食盐10克、酱色7.5克、五香粉5克、食盐10克、辣椒粉少许，再加适量的水，入锅稍煮成卤汤。

（2）卤煮：将切成小块的豆腐干放进盛有卤汤的锅里进行卤煮，煮后捞出晾晒干，再放进卤汤复煮。反复3次，即成为美味豆腐干。

3. 产品特点

本品口味鲜美，五香味浓，微辣适口，是下酒或休闲小食。

（十七）素鸡

1. 原料

豆腐皮（2毫米厚）10千克，酱油1千克，五香粉10克，味精20克，食用碱20克。

2. 工艺流程

豆腐皮→切片→调酱汁→蘸汤→卷心→煮汤调味→拆布→成品

3. 制作方法

（1）切片：把部分豆腐坯切成15厘米见方，做皮；另一部分切成长15厘米、宽约10厘米的长方形片，做心儿。

（2）调酱汁：配料中的碱起黏性，要充分溶解，否则碱多的

部分成品会发黑，有臭鸡蛋味。

（3）蘸汤：把皮在煮好的香干汤里蘸一蘸（汤里加少量的碱。如无香干汤，可用适量的酱油兑水，加少量碱）；把心儿放在调好的酱汁中泡3～5分钟，随卷随泡。酱色发淡时，应继续兑料。

（4）卷心：用皮将心儿卷成圆轴形，长12～13厘米，用布包好，再用小线绳捆上，必须卷紧，包紧，捆紧。

（5）煮汤调味：用酱油、盐、作料（五香粉，还可以用适量花椒、茴香、八角等装入一洁净纱布口袋缝好，放入汤内）熬汤，汤色不要太浓。把卷好的卷放入汤内煮1.5～2小时。

（6）拆布：煮好出锅，拆开布，即为成品。

4. 产品特点

本品颜色紫红，鲜美可口，有五香味。

（十八）素红虾

1. 原料

豆腐干5千克，虾油400克，精盐100克，面粉（或豆粉）1千克，花椒粉10克，红曲（磨成粉）25克，鸡精5克，姜粉10克。

2. 制作方法

（1）切条：将0.4～0.45厘米厚的豆腐坯子切成4厘米×0.4厘米的长条，将5千克豆腐干全切完。

（2）油炸：将油锅置火上，加热至110℃时，投入豆干条，约炸5～6秒钟；待豆干条膨胀，表面微有皱皮时，用笊篱捞出，成“虾条”坯。

（3）挂糊：把虾油、盐、面粉、花椒粉、姜粉、红曲粉、鸡精等混合后，加一定量凉水调成不稀不稠的糊。把炸好的“虾条”坯子投入糊中，使其均匀地挂上一层糊。

（4）二次油炸：将油加热到 120℃～130℃，将挂好糊的“虾条”坯子投入锅内炸 3～5 分钟，用笊篱勤翻动，防止黏到一块；用铲子铲锅底，防止糊锅。等到“虾条”坯表面出现硬膜，呈黄红色时捞出，松散地放在铁丝筐网上，滴净油，放凉即为成品。

3. 产品特点

本品条形整齐，大小一致，呈黄红色，里嫩外酥脆，有鲜香味，食毕满口生香。

（十九）红腐乳

1. 原料

白豆腐坯块 100 块，红曲 500 克，黄酒 0.85 千克，面酱 2.5 千克，食盐 500 克，食用红色素少许。

2. 工艺流程

制豆腐坯→前期发酵或接种发酵→搓毛、盐腌→配料装坛→后期发酵→成品

3. 制作方法

（1）制豆腐坯：按制豆腐方法先制出腐乳坯。一般每 10 千克大豆用 3 千克左右、25 波美度的卤水点浆。待点浆压榨后，用刀切成 4.5 厘米×4.5 厘米×1.5 厘米的腐乳白坯方块。

（2）前期发酵：采用自然发酵或接种发酵。

自然发酵：一般室温在 10℃时，需要 5 个月；室温在 20℃时，需要 5 天左右。利用空气中的毛霉菌，使腐乳白坯自然接种，当白坯表面有白色或淡黄色菌毛长出即可。

接种发酵：人工将纯种的毛霉菌种在白腐乳坯表面，使其发酵生毛。接种时应将白坯按照一定距离（3 毫米）整齐地排立放在笼屉上，需将毛霉菌的孢子（菌种）加上大米粉均匀地接到坯子上。一般室温在 25℃时，需 48 小时可发酵生毛。

（3）搓毛、盐腌：将腐乳毛坯上的菌毛搓倒。搓毛后，菌丝将均匀地遮盖在腐乳坯表面。将毛坯分层码在缸中，分层加盐，逐层增加，每100块毛坯用精盐500克，5～6天后捞出。

（4）配料装坛：按照码一层坯子灌一层汤料的顺序配料装坛，最后撒一层封口盐。装坛后，加石板盖，用石灰泥密封坛口。汤料用上述原料配制，还可以根据个人喜爱适量添加砂仁、豆蔻、丁香、桂皮、甘草等香料，以增加香味。

（5）后期发酵

①自然温度发酵：把密封的腐乳坛置通风干燥处（此法南方只能春、秋、夏季使用），应防雨、防潮，封严坛口。

②温室发酵：室温一般为34℃～40℃，此法优点为不受自然条件和季节限制，发酵时间短。

4. 本品特点

本品表面呈深红色，块形整齐，质地细腻，味道醇香，滋味鲜美，为佐餐美食和调味佳品。

（二十）臭豆腐

1. 原料

豆腐、生姜、大葱、精盐、五香粉等。

2. 制作方法

（1）切块：将豆腐切成火柴盒大小的薄块。

（2）煮、晾：将切好的豆腐块放进开水锅煮4～5分钟后，捞出来把水晾干。

（3）入坛配料：将晾干水的豆腐片一层层码入小盆或坛子里，每摆一层就撒上一点切碎的生姜、大葱、精盐和五香粉。

（4）封坛发酵：最后把坛子或盆口盖好，放在室内发酵一段时间，即为成品。

3. 产品特点

本品虽有些臭味，但鲜美可口，是下饭最佳小菜，食后余味无穷。

（二十一）家制腐竹

1. 原料

新鲜饱满的干黄豆。

2. 制作方法

（1）选豆：拣除霉烂豆和砂粒杂物等。

（2）粗磨：先用石磨将黄豆粗磨一次，除去豆皮。

（3）泡豆：放入清水中浸泡 2 小时左右。冬天气温低，可适当延长浸泡时间。

（4）磨浆：将浸泡过的去皮黄豆磨成豆浆。磨浆时，每千克豆兑水 10～12 千克，搅匀，然后将黄豆磨成豆浆，再用白布袋过滤去渣。

（5）蒸煮：先往热水蒸池内加水，再将 6 个托盘排 2 行放入蒸池内的架子上，使盘底离水面保持 13 厘米左右的高度。烧开池内水，同时将放在其他锅里煮沸了的豆浆倒入托盘内（注意托盘上面不要加盖）。此后，将池内水温保持在 98℃左右。

（6）拉皮：也叫拉腐竹。托盘内的豆浆经过几分钟蒸煮后，液面很快凝结成一层薄薄的浆皮。这时可用手慢慢把浆皮拉起来，晾挂于竹竿上，晒干后即成腐竹。托盘里的豆浆过几分钟又凝成一层浆皮，又可拉一次，如此反复，直至托盘内的浆皮被全部拉完为止。

3. 产品特点

本品制法简易，农家可自行制作，既可供家庭食用，还能供应市场。产品营养丰富，美味可口。

（二十二）豆瓣酱

1. 原料

蚕豆、食盐、辣椒、种曲、糯米酒。

2. 工艺流程

蚕豆→脱壳→浸泡→接种制曲→入容器发酵→陈酿后熟→配制→灭菌→包装→成品

3. 制作方法

（1）脱壳：采用干法脱壳，将蚕豆去杂晒干。用石磨或钢磨调松页距，磨去皮壳，然后风选分级，最后筛出豆肉备用。有条件者可采用脱壳机干法脱壳，平均每天能处理蚕豆 2500～4000 千克，效率高，卫生条件较好。

（2）浸泡：将干豆瓣按颗粒大小分别倒入浸泡容器中，以不同水量进行浸泡。浸泡后，一般重量可增加 1.5～2 倍。当折断瓣粒时，若断面中心有一线白色层，即证明水分已经达到适度，应及时排放余水，捞起沥干后送入曲室制曲。

（3）接种制曲：注意调节曲室温度，防止“干皮”，种曲用量为 0.15%～0.3%，可在曲料面上搭盖一层席子。一般通风制曲时间为 2 天。

（4）入容器发酵：将蚕豆瓣曲送入发酵容器中，将表面扒平，稍稍压实，加入适量糯米酒。待品温升至 40℃左右时，将 18～20 波美度的盐水加热至 60℃，再将其慢慢注入曲中。其中，盐水用量约为豆肉原料的 1 倍。最后加上封口盖发酵，保持品温在 45℃左右。

（5）陈酿后熟：将容器移至室外，进行陈酿后熟，则香气更浓，风味更佳。

（6）配制：经过发酵后熟，即成了豆瓣酱醅。将成熟的酱醅与适量椒盐混合，即成为豆瓣酱。椒盐制法如下：通常用 100 千克鲜椒加盐水磨浆（20 波美度盐水），可生成椒浆 150 千克左右。椒浆贮放期间要每天搅拌 1 次，以防生霉，最好加入约 20%的含盐甜糯米酒。

（7）灭菌、包装：直接佐餐用的豆瓣酱必须经加热杀菌处理。配制后若再封坛发酵半个月，然后装瓶包装，风味更好。

4. 产品特点

本品瓣粒完整，呈棕酱红色，酱香浓郁，风味鲜美，有辣味。

（二十三）鱼香辣酱

1. 原料

豆瓣辣酱 300 克，酱油 200 克，米醋 150 克，料酒 100 克，白砂糖 40 克，大葱 40 克，鲜姜 30 克，淀粉 5 克，味精少许，食用油适量。

2. 制作方法

（1）原料预处理：将大葱除去表皮，清洗干净，切成小段；将鲜姜清洗干净，切丝；将大蒜去皮，捣碎；将淀粉与适量水调匀。

（2）炒制、配料：将食用油倒入锅内，加热，放入葱段、姜丝，炒出香味；然后放入其他原料（除味精），加入适量清水，搅拌均匀；以文火加热至沸腾，投入味精拌匀即可。

3. 产品特点

本品色泽酱红，香辣，酸咸，有复合的香味。另外，鱼香酱不但可以除去鱼的腥味，还可以衬托出鱼的香味，不仅是做鱼的好调料，也可做鱼香茄子、鱼香肉丝等。

（二十四）麻婆酱

1. 原料

豆瓣酱300克，酱油300克，料酒100克，食盐20克，花椒10克，淀粉5克，香油适量。

2. 制作方法

（1）淀粉调湿：将淀粉加入适量水，混合调匀。

（2）炸椒：把香油倒入锅内，以文火加热，放入花椒，炸出香味。

（3）调配、加热：在上述花椒油锅中放入豆瓣酱、酱油、料酒、食盐，并注入少量清水搅匀，倒入水淀粉，边搅动边加热至沸，稍煮即可装瓶。

3. 产品特点

本品鲜麻香辣，适合做热菜的调味酱，更是做麻婆豆腐的好调料。

（二十五）家用调味汁

1. 原料

豆瓣酱200克，酱油100克，甜面酱30克，食用植物油40克，大葱30克，鲜姜20克，料酒20克，食盐10克，米醋10克，味精、香油各适量。

2. 制作方法

（1）原料预处理：将豆瓣酱剁碎；将大葱清洗干净，去除外皮，切成段；将鲜姜刨去表皮，清洗干净，用冷开水淋洗后，控干水，切片后捣碎备用。

（2）配料加热：将植物油倒入干净的锅内，加热至五六成熟时，倒入剁碎的豆瓣酱、甜面酱、葱段、姜末，炒出香味。再倒入酱油、料酒、食盐，边加热边搅拌至沸腾，加米醋、味精调匀即可。

3. 产品特点

本品香辣鲜咸，微甜，主要用于热菜的烹制，如家常豆腐等。

（二十六）豆豉鲜香汁

1. 原料

豆豉100克，食用植物油30克，酱油30克，鲜姜10克，大蒜子15克，白砂糖5克，味精少许，香油适量。

2. 制作方法

（1）原料预处理：先将豆豉用刀剁碎；将鲜姜去皮，洗净，剁碎；将大蒜去皮，拍烂，剁成蒜蓉。

（2）热油、炒香：将植物油倒入锅中，加热至四成热时，倒入剁碎的豆豉、姜末和蒜蓉，炒制出香味。

（3）调味、加热、淋香：将其他调味料都放入豆豉中拌匀，以文火加热，使原料充分混合，糖、醋等溶解。边加热边搅拌至沸，稍煮停火。拌入味精，淋上香油，再搅匀即可。

（4）装瓶：趁热装入洁净瓶中，随时备用。

3. 产品特点

本品豆豉香味浓郁，伴有姜蒜香，鲜咸微甜，可用于凉拌菜、冷荤、豉香排骨、豉香鱼等的炒制。

（二十七）豆奶饮料

1. 原料

生大豆200克，1%碳酸氢钠水溶液2000毫升，白糖、蛋白糖、精盐各适量。

2. 制作方法

（1）碱液热处理：将生大豆洗净，直接放入1%碳酸氢钠沸水溶液中，微沸数分钟，除去豆腥味。

（2）磨浆：将碳酸氢钠沸液同大豆一起磨浆，得到已除去苦涩味的豆浆液。

（3）加热：将豆浆液加热至沸腾，再微沸3分钟。

（4）过滤去渣：用洁净纱布过滤豆渣，加热开水再洗一次，再过滤，将两次过滤液合并得到精制豆奶。

（5）调味：按个人口味，先用开水溶适量白糖，加少许蛋白糖和食盐，待溶解后，倒入上述豆奶中搅匀，晾温即可饮用。

3. 产品特点

本品营养丰富，有补益大脑、降低胆固醇、防止动脉硬化等作用，适宜各种人饮用。糖尿病患者饮用时不要加糖。

（二十八）金参豆奶

1. 原料

优质大豆100克，金参（即胡萝卜）100克，白砂糖、蛋白糖、精盐各适量。

2. 制作方法

（1）原料处理：选择颗粒饱满、无霉变大豆，用清水洗净。

（2）浸泡：将大豆用500毫升水浸泡3～12小时（气温高，浸泡时间短；气温低，则浸泡时间长）。

（3）磨浆：将浸泡好的大豆捞出洗净，加入1000毫升水磨浆。

（4）杀菌去腥：将豆浆入锅煮沸5分钟，杀菌去腥。

（5）冷却、过滤：待豆浆冷至约35℃时，经洁净纱布过滤出豆乳待用。

（6）胡萝卜汁制备：先将胡萝卜洗净，去掉表皮，切去两头，切成薄片，加适量水。微沸煮10～15分钟，待稍冷后打浆，得胡萝卜浆汁。

（7）混合调配：将调味料用热水溶化，加入豆乳中，再加入胡萝卜浆汁，一并入高速捣碎机中再捣碎一次。

（8）杀菌：将混合液入锅煮沸数分钟，晾凉摇匀即可饮用。

3. 产品特点

本品摇匀后为橙红色乳状液，口感细腻，富含蛋白质和纤维素A原（即胡萝卜素进入人体后，可转化为维生素A），具有补脑益智、养肝明目、养颜美容等作用。

（二十九）红小豆纤维饮料

1. 原料

红小豆干豆皮100克，白糖、蛋白糖、柠檬酸各适量。

2. 制作方法

（1）浸泡：将红小豆干豆皮用温水浸泡至发胀。

（2）碱处理：将发胀的豆皮加入4倍重量的清水中，高速搅拌5～10分钟，用纱布过滤。滤渣再加7倍水搅匀，并缓慢加入5倍0.1%碳酸氢钠水溶液，在50℃的温度条件下，高速捣碎5分钟。

（3）调配：将白糖、蛋白糖分别用热水溶化，再慢慢加入柠檬酸液，边加边搅匀，边品尝，至口感满意即可。

（4）杀菌：将调好味的豆皮纤维放入锅中，置火上煮沸数分钟，晾凉即可饮用。

3. 产品特点

本品为淡红色浑浊液，是一种新型功能性纤维饮料，具有预防结肠癌、便秘及改善冠状动脉硬化、预防肥胖症等作用。

注意：肠胃虚寒、腹泻者忌用，糖尿病患者不宜加糖。

（三十）绿豆乳饮料

1. 原料

优质绿豆80克，糖、蛋白糖、精盐各适量。

2. 工艺流程

原料处理→磨浆→调味→杀菌→晾凉→成品

3. 制作方法

（1）原料处理：将绿豆拣去杂质，淘洗干净，并用水200毫升浸泡至涨大。

（2）磨浆：将泡胀的绿豆用清水冲洗干净，加热水磨浆，滤清后，再加水磨一次，将两次滤液合并。

（3）调味：将适量白糖、蛋白糖、精盐先溶于热水，再加入滤液中，搅匀。

（4）杀菌、晾凉：把调好的绿豆液倒入锅中，加热至沸，晾凉，摇匀即可饮用。

4. 产品特点

本品为乳白色浑浊液，口感细腻润滑，具有清热解毒、消暑止渴之功效。它适宜于中暑、烦躁、口渴咽干痛、肿疮、高血压、水肿、食物中毒等患者食用，也为平常人夏季良好的清凉饮料。

注意：绿豆性寒，脾胃虚寒、泄泻者忌食用。

（三十一）绿豆酸梅汤

1. 原料

绿豆200克，酸梅100克，白糖100克，清水适量。

2. 工艺流程

煮制→过滤→调味→晾凉→成品

3. 制作方法

（1）煮制：将绿豆、酸梅洗净后放入锅中，加适量清水煮开，至熟烂。

（2）过滤：将已熟烂的绿豆和酸梅用洗净的纱布过滤，使汁水流入盆内。

（3）调味、晾凉：在绿豆、酸梅汤汁中加入白糖，搅匀、晾凉即可饮用，或装瓶入冰箱冷藏后饮用。

4. 产品特点

本品为夏季清热解毒、消暑利水之佳品。它酸甜适口，生津止渴，又具降脂除烦、清咽开胃等作用。

（三十二）谷芽豆奶

1. 原料

大豆 100 克，糙米谷 100 克。

2. 工艺流程

制米芽粉→制生豆奶→混合→糖化→杀菌→晾凉→成品

3. 制作方法

（1）制米芽粉：先将糙米谷放入 0℃～15℃水中浸泡 10～12 小时，然后在 30℃～31℃的温度条件下催其发芽。随后再在 40℃以下的温度条件下将其风干，再用粉碎机将其粉碎成谷芽粉。

（2）制生豆奶：将大豆拣去杂质，风干、脱皮，再将其破碎，在室温下与水充分混合，豆与水之比为 1∶10，则得大豆含量为 10%的生大豆奶。

（3）混合：将制好的米芽粉和生大豆奶按 1∶8 的重量比混合。

（4）糖化：将上述混合奶放入容器，在 50℃的温度下糖化 90 分钟，使两者相互作用。一方面米芽中的酶可除去豆腥味，另一方面还可制成香甜味十足的米芽豆奶饮料。

(5) 杀菌：加热煮沸数分钟。

(6) 晾凉：自然冷却后，即可饮用。

4. 产品特点

本品为乳状液。清香爽口，甜味自然，营养丰富，有补益于大脑、防动脉硬化、养颜美容之功效。

注意：生豆奶必须充分煮熟，否则易引起过敏而产生恶心、呕吐和腹泻等症。

(三十三) 绿豆芽饮料

1. 原料

鲜绿豆芽 250 克，白糖、精盐、柠檬酸各适量。

2. 工艺流程

原料选择及处理→冷却、榨汁→过滤→调味→杀菌→晾凉

3. 制作方法

(1) 原料选择及处理：选用已发芽 4～5 天、无腐烂的新鲜绿豆芽，洗去豆芽上的杂物、豆皮，然后在 95℃ 热水中烫 4 分钟。

(2) 冷却、榨汁：用流动水冷却热烫后的绿豆芽，然后投入榨汁机中榨汁。

(3) 过滤：将榨出的汁液经洁净纱布进行过滤。

(4) 调味：将糖和盐先用热水溶解，再与滤汁混合，并用柠檬酸少许，调酸度至个人喜爱的程度。

(5) 杀菌、晾凉：将调好的汁液入锅煮沸 2 分钟，晾凉后，即可饮用，或入冰箱，成冷饮。

4. 产品特点

本品营养丰富，物美价廉，风味独特，具有健脾开胃、消食化积的作用，适宜大众夏季饮用。

注意：脾胃虚寒者不宜饮用；糖尿病患者不宜加糖调味，可用少许蛋白糖调之。

（三十四）绿豆冰

1. 原料

绿豆500克，白糖350克。

2. 工艺流程

原料处理→加糖→冷却→冰藏→配料→成品

3. 制作方法

（1）原料处理：先将绿豆用水洗净，去除泥沙，用钢锅加水煮至熟烂。

（2）加糖：把糖加入锅内，搅匀，再盖好盖，焖10分钟左右。

（3）冷却：取上述混合绿豆浆，让其冷却。

（4）冰藏：待冷却后，将其入冰柜，冷藏。

（5）配料：每杯用熟绿豆50～100克，另加冷冻糖水100克，即可食用。

4. 产品特点

本品为黄绿色清凉冷饮，清热解暑、凉爽甘甜，适宜于炎热夏季去热解毒饮用。

注意：脾胃寒凉者不宜饮用，糖尿病患者不宜加白糖液。

三、花生制品

（一）五香奶油花生米

1. 原料

花生米5千克，精盐250克，茴香30克，桂皮30克，甜蜜素少许，奶油香精2毫升。

2. 工艺流程

花生米预处理→煮制→干燥→晾凉、调香→包装→成品

3. 制作方法

（1）花生米预处理：挑选颗粒饱满、无烂粒、无霉粒的花生米为原料，经筛选拣去杂物，用清水冲洗，去除尘土。

（2）煮制：将干净的花生米和除奶油香精外的其他原料一并入锅，加入清水，加水量以正好盖过花生米为度；然后用大火将水烧开，再转用文火煮制，直到将水分煮干。

（3）干燥：将花生米放入锅内略加翻炒，使其干燥。

（4）晾凉、调香：待花生米稍加晾凉后，拌上奶油香精调香。

（5）包装：调香后，迅速将其装瓶或装进食品塑料袋，密封保存，即为成品。

4. 产品特点

本品外皮呈浅红色，微皱，咸甜可口，具有浓郁的五香奶油味，营养丰富，为休闲佳品。

（二）麻辣香甜花生米

1. 原料

花生米 500 克，白砂糖、饴糖各 200 克，水约 100 克，精盐、胡椒粉、辣椒粉各 5 克，甘草粉、花椒粉各 3 克，八角、桂皮各适量，粳米 400 克，菜油 400 克（实耗 50 克）。

2. 工艺流程

综合粉制备→沙炒→熬糖→和料→油炸→沥油→成品

3. 制作方法

（1）综合粉制备：将炒锅洗净，放在火上烧热，把粳米、八角、桂皮倒入锅内，用锅铲不停地翻动，待炒至粳米呈淡黄色时装盘。冷却后将其碾成粉，加入精盐、胡椒粉、辣椒粉、花椒粉、甘草粉，拌匀，成综合粉，将其平铺置干净的面板上待用。

（2）沙炒：将净沙放在锅里烧热，将花生米放入锅中炒熟，炒香。

（3）熬糖：将清水倒入锅中烧开，放入饴糖、白糖，用小火边加热边不停地搅动。当糖温熬至 135℃左右，用筷子挑糖，能拉成细长丝时即停火。

（4）和料：将炒好的花生米倒进糖锅内，用锅铲轻轻翻动，使糖液牢牢粘裹住花生米；然后将花生米倒入综合粉内，迅速拌匀，使综合粉能牢牢粘裹住每粒花生米；最后用网筛过筛待用。

（5）油炸、沥油：将炒锅置旺火上，放入菜油，烧至七成热时，将粘有综合粉的花生米倒入锅内，炸至金黄色时捞出，沥净油即为成品。

4. 成品特点

本品酥香爽口，脆、甜、麻辣，风味独特，为休闲小食佳品。

（三）糖粒花生

1. 原料

生花生米 5 千克，白糖 6.75 千克，饴糖 0.6 千克，食用植物油 15 克。

2. 工艺流程

炒熟→第一次淋糖→第二次淋糖→第三次淋糖→冷却

3. 制作方法

（1）炒熟：挑选出颗粒均匀饱满的生花生米，用净沙将其炒熟，至呈象牙色。筛去沙，搓去红皮，放在擦有素油的锅或盆内。

（2）第一次淋糖：取 1/3 的白糖和 1/3 的饴糖，加清水 400 毫升左右，一起放入锅里进行熬煮。熬至 110℃左右，使糖浆离火，将其缓缓倒入上述熟花生米中，边倒边摇动花生米，此为第一次淋糖。注意使花生米粘糖均匀。

（3）第二次淋糖：将剩余的白糖和饴糖均匀分 2 份，取其中一份，如第一次淋糖方法进行熬制，但糖温应熬至 120℃左右才能淋糖。

（4）第三次淋糖、冷却：将剩下的白糖和饴糖加清水熬至 130℃左右，然后进行第三次淋糖，使花生米表面黏满、黏匀糖液。待冷却后，即为成品。

4. 成品特点

本品外观雪白，颗粒匀整，互不粘连，糖衣不易脱落，香甜酥脆，广为群众所喜爱。

（四）香草花生

1. 原料

生花生米 5 千克，白砂糖 2.5 千克，饴糖 500 克，香草油 5

毫升，猪油 250 克，苏打粉 25 克。

2. 工艺流程

炒熟→熬糖→和料、调香→成品

3. 制作方法

（1）炒熟：挑选颗粒饱满且无霉、烂子粒的花生米，用净沙将其加热炒成象牙色后，筛去沙，搓净红皮，保温待用。

（2）熬糖：将砂糖和约 250 毫升的水放到锅里加热，待砂糖完全溶化，将饴糖放入，搅匀后放入猪油，烧到 145℃左右，用筷子挑起糖，能挂成丝为好。此时，将苏打粉放入锅内搅匀，离火，用铲子把糖炒到蛋黄色为止。

（3）和料、调香：将熟花生米和香草油一同倒入糖中，一直拌到发沙，成颗粒状，即为成品。保管时不要使成品受潮，可保存半年左右。

4. 产品特点

本品因色如蛋黄，具有香草香味，故有蛋黄花生和香草花生之美称。味道松酥可口、甜香诱人、营养丰富、久食不厌，特别适合儿童食用。

（五）巧克力花生豆

1. 原料

花生米、精盐、精粉、葡萄糖、食用植物油、巧克力糖浆。

2. 工艺流程

浸泡→挂粉→油炸→上糖→干燥→晾凉→包装

3. 制作方法

（1）浸泡：向浓度为 0.02%～0.1%的葡萄糖（或糖）水溶液中倒入花生米，加热至 90℃～100℃，热烫 2～4 分钟。

（2）挂粉：用 60%精制粉芡、40%精粉制成稀稠适中的粉浆，将热烫过的花生米放入粉浆中挂粉，捞出沥干。

（3）油炸：将植物油先加热至177℃～193℃，将挂粉的花生米放入，油炸2～8分钟。待其表面呈棕黄色时捞出，稍凉，用2%盐水均匀喷洒，使之微咸。

（4）上糖、干燥、晾凉、包装：将含糖可可粉4千克、可可脂1.6千克、糖粉1.5千克共同拌匀加热，并加水500克混匀。将油炸好的花生米浸泡在先制好的巧克力糖浆中，立即捞出。待其干燥、晾凉后用塑料袋包装，即为成品。

4. 产品特点

本品为咖啡色，味酥而脆，有浓郁的巧克力香味，甜香可口，为休闲佳品。

（六）蜂蜜香酥花生

1. 原料

花生米45%～55%，固体混合料30%～40%，液体混合料8%～18%。

2. 工艺流程

花生米放入糖衣机内→旋转→撒入固体或液体混合料→半成品→油炸→冷却→成品

3. 制作方法

（1）固体混合料为：面粉50%～65%，淀粉10%～25%，糖粉15%～30%；液体混合料为：蜂蜜40%～60%，水30%～50%，食盐5%～15%，发酵粉、味精低于1%。

（2）趁花生米在糖衣机内不时翻转时，将液体混合料和固体混合料轮换着撒入，反复操作，直到配料全部用完为止。

（3）在180℃～200℃的油锅中油炸4～5分钟，至表面呈焦黄色时，出锅自然冷却。

（4）1千克花生米可得1.8～2千克的成品。

4. 产品特点

本品色泽棕黄，蜜香松脆，咸甜适度。

（七）重庆糖花生

1. 原料

花生米 2.25 千克，白砂糖 2.25 千克，化猪油 50 克，香兰素 2.5 克，液体葡萄糖 900 克。

2. 工艺流程

原料选择→熬制→拌和→成型→冷却→包装→成品

3. 制作方法

（1）原料选取：选取颗粒饱满均匀、色白、无碎瓣的优质花生米，炒熟去皮。

（2）熬糖：先将水（与糖的比例为 2∶10）倒入糖中，加热煮沸。过滤后，下化猪油，熬至 140℃时端锅。

（3）拌和、成型：端锅后，将花生米、香兰素倒入锅内，拌和均匀，然后按每颗成品含花生米 2～3 粒的规格，手工迅速分颗成型。

（4）冷却、包装：待上述成型糖花生米冷却后，马上包装防潮，即为成品。

4. 产品特点

本品由 2～3 粒花生米结成 1 颗，花生米不外露，外层糖衣体透明有光，色白略黄，组织松脆。糖与花生米结合紧密，口味香甜可口，有突出的花生香味，为重庆传统名产，深受消费者欢迎。

（八）脱脂咸脆花生米

1. 原料

脱脂 70％的花生米饼 500 克，食盐 5 克，小苏打 2.5 克，食用酒精15毫升，水50毫升。

2. 工艺流程

花生米部分脱脂→花生米复原→精选、配料→油炸→包装

3. 制作方法

（1）花生米部分脱脂：首先将优质新鲜花生米放在60℃～65℃高温条件下烘烤1小时，使其水分降至5%左右，再用脱皮机除去95%以上红衣；然后将花生米加热至70℃，入榨油机榨油。本品选用榨油率为70%的花生饼为原料。

（2）花生饼复原：将压榨后的花生米放入温水中浸泡约0.5小时，或者用热水煮沸2～3分钟，即可使扁形花生米膨涨回复原状，再将其烘干或晒干。

（3）精选、配料：将复原花生米除去碎仁和残存的红衣，使其达到颗粒均匀、色泽一致后，便可按前述配方进行配料。先将食盐、小苏打溶解于水中，再加入食用酒精，混匀，最后用该配料液拌和上述脱脂花生米，静置20分钟。

（4）油炸、包装：将煎炸油放入锅内，加热到160℃～180℃，把配好料的脱脂花生米装进不锈钢网框，放入油炸锅，油料比大约为3∶1，不断翻动。3～5分钟后，当花生米由白色变成深黄色时捞起，滴干油分后，倒入平盘中摊平冷却，并用真空包装机包装，即为成品。

4. 产品特点

本品酥脆适中，清香可口，为低热量、高蛋白食品。

（九）怪味花生米

1. 原料

花生米1000克，白糖500克，饴糖120克，甜酱70克，熟芝麻30克，精盐12克，辣椒酱8克，花椒粉8克，植物油300，五香粉适量。

2. 工艺流程

花生米→浸泡→沥干→油炸→沥油→拌料→淋糖→晾干→包装→成品

3. 制作方法

（1）浸泡、沥干：将无霉烂、大小匀称的花生米用冷水浸泡2～4小时，捞出沥干水分。

（2）油炸、沥油：将植物油倒入锅内，加热、烧开，放入花生米进行油炸，直至花生米酥脆，捞出锅，沥去油。

（3）拌料：先将锅底用油烧热，放入甜酱，稍炸数分钟后，离火冷却；再将熟芝麻、辣椒粉、五香粉和盐放入碗中，调拌均匀；然后将炸好的花生米倒入其混合料中，充分拌和均匀。

（4）淋糖：先将白糖、饴糖加水350克左右，放入锅内加热；待温度达到110℃～120℃时，慢慢将其浇在拌好辅料的花生米上，边加边搅拌，使花生米均匀粘上糖衣。

（5）晾干、包装：待糖液冷却，花生米也已晾干，则可进行包装，防止回潮，即为成品。

4. 产品特点

本品酥香爽口，脆、甜、麻辣、酱香浓郁，风味独特。

（十）鱼皮花生

1. 原料

花生米、砂糖、标准粉、精米粉、精盐。

2. 工艺流程

花生米→烘烤→冷却→涂衣→干燥→多层涂衣→焙烤→冷却→包装→成品

3. 制作方法

（1）烘烤：将经过挑选的花生米置于140℃～150℃的烤炉中烤熟。

（2）冷却：取出让其冷却，备用。

（3）涂衣、干燥：①先配制糖浆，即将清水和砂糖按1∶5的比例混合化开，加热混成糖浆，冷却至室温待用。也可加入少许环糊精以增加糖浆的黏附性。②配制涂衣混合粉，即将标准粉48%、精米粉48%、精盐和鸡精4%混合均匀。③将上述冷却的花生米倒入翻滚的糖衣锅中，倒入适量黏附糖浆，使其均匀地涂在花生米表面，再撒入适量的涂衣混合粉，让花生米以翻滚形式均匀地黏上一层涂衣。④开启热风，使其干燥。

（4）多层涂衣：将上述涂衣过程重复5～6次。

（5）焙烤：将上述经过多层涂衣的花生米放入振动筛的焙烤炉中，温度为150℃～160℃，直至花生的颜色转为浅棕色。

（6）冷却、包装：待花生出炉冷却后，立即进行包装，即为成品。

4. 产品特点

本品为浅棕色颗粒，酥脆香甜，带点咸味。

（十一）五香带壳花生

1. 原料

带壳花生、食盐、八角、甘草、丁香、桂皮、甜蜜素、鸡精等。

2. 工艺流程

花生精选→清洗→浸泡调味→蒸熟→干燥→检验包装→成品

3. 制作方法

（1）花生精选、清洗：挑选出颗粒饱满的当年花生，洗净。

（2）浸泡调味：将除花生外的其他原料各适量加入清水中，配成10～11波美度的调味液，再将洗净的带壳花生放进调味液里。在40℃～50℃的温度条件下，保温浸渍1～20小时，使之入味。

(3) 蒸熟：将浸渍的花生用清水冲淋后，置于高压蒸汽锅内蒸熟，八九成熟即可。蒸熟后的花生需立即用清水洗净，析出表面的调味液。

(4) 干燥：将洗净的花生分层均匀地放置于干燥车上，推入隔层蒸汽循环干燥房中进行干燥。前期温度为70℃～80℃，18小时左右；后期温度为90℃～95℃，30～45分钟。每干燥至9小时，须将花生翻动1次。

(5) 检验包装：待干燥好的花生冷却至常温后，再对其进行检验包装，即为成品。

4. 产品特点

本品为黄色带壳花生，微咸、甜，香脆可口，为休闲佳品。

(十二) 花生糖

1. 原料

花生米（经挑选）5千克，白砂糖5千克，熟猪油2.5千克，饴糖3.5千克，素油适量。

2. 工艺流程

花生米→炒制→熬糖→制糖坯→切块→晾凉→包装→成品

3. 制作方法

(1) 炒制：先用干净的沙子加少许素油在锅里加热炒一下，使其松散油亮，易导热。然后把花生米倒入沙中，不断翻炒，直至将花生米炒成象牙色为止，并搓去红皮，备用。

(2) 熬糖：将糖、猪油、饴糖一起放入不锈钢锅内，加入2.5千克水，将其熬成糖稀（即糖浆表面起小泡）时，离火。

(3) 制糖坯：将熟花生米倒入上述糖稀里，迅速搅拌均匀，即为糖坯。

(4) 切块：将糖坯倒在已涂有一层熟植物油的洁净台板上，用木棍将其压成约1厘米厚的薄块，再用刀切成3.5厘米左右

长、1.7 厘米左右宽的小块即可。

（5）晾凉、包装：待晾凉后，迅速用食品塑料袋或瓶子装起来，密封，防受潮。

4. 产品特点

本品香甜酥脆、制作简单。

（十三）低脂花生糖

1. 原料

脱脂率为 50％的花生米 1 千克，白砂糖 1 千克，饴糖 400 克，水 300 克。

2. 工艺流程

脱脂花生米→烘焙→熬糖→拌和→压平→切块→包装→成品

3. 制作方法

（1）烘焙：取脱脂率为 50％的花生米，放入烘烤炉中，在 200℃～250℃高温中烘烤 5～7 分钟，待花生米基本复原和松脆熟透时，即可出炉。注意不可使花生米出现焦煳现象。

（2）熬糖：按配方称取原料，先将砂糖和水放入锅内，加热溶化，边加热边搅拌。当糖液滚沸、起泡沫时，加入饴糖继续熬制。直到糖液有小泡，糖丝滴入冷水中凝固可折断时，熬糖方可结束。

（3）拌和：立即将烘焙好的脱脂花生米倒入上述仍在加热的锅中，用锅铲不断翻动，使糖液和花生米混合均匀。

（4）压平：把木方框放在洁净的桌面上，在框内底面撒上一层熟淀粉；把上述混合均匀的花生米糖液倒入框内，摊平后，再用木棍压实压平，要求厚薄一致。

（5）切块：用刀将其切成小方块或长条块。

（6）包装：包装入库，即为成品。

4. 产品特点

本品为低热量、高蛋白小食品，香甜酥脆，回味无穷。

（十四）花生酥糖

1. 原料

花生米 1.2 千克，白砂糖 1 千克，饴糖或蜂蜜 400 克，食用油 100 克，桂花少许。

2. 工艺流程

花生米→去杂→烘烤或炒制→熬糖→和料→压片→整形→晾凉→成品

3. 制作方法

（1）去杂：选取好的、子粒饱满的花生米，剔除霉变和发芽的次品。

（2）烘烤或炒制：将选好的花生米用炉烘烤或用沙炒熟均可，但都应使其变成象牙黄色后，方能去皮备用。

（3）熬糖：将白砂糖注入适量水，加热搅拌均匀，待溶解后，放入饴糖，加热至沸。再放入油和桂花，待熟至糖浆起大泡时，即可离火（可用筷子蘸少许糖浆待其冷却，若牙咬发脆，表示恰到好处）。

（4）和料：将熬好的糖浆倒入花生米中，迅速拌和均匀，然后倒在洁净、抹了熟油的案板上，用木槌边捶边折叠。反复多次，使花生米和糖浆充分混匀。

（5）压片：待上述花生米糖浆融为一体并起酥层时，即可拉长压片。

（6）整形：用刀将花生糖片按需要切成方形条状或菱形。

（7）晾凉：晾冷后即为成品，速包装防潮。

4. 产品特点

本品香甜酥脆，为休闲佳品。

（十五）花生牛轧糖

1. 原料

花生米2.5～3千克，白砂糖2.1千克，水700克，玉米糖浆4.5千克，饴糖1.5千克，椰子油3.1千克，炼乳700克，鸡蛋清100克，盐、香兰素、橘子香精等香料40克。

2. 工艺流程

花生米预处理→熬糖→拌料→调配→浇板→冷却→切块→包装→成品

3. 制作方法

(1) 花生米预处理：对经挑选出来的好花生米进行漂洗、焙香。

(2) 熬糖：先将鸡蛋清溶于200克水中，加500克饴糖，放进直式搅拌器中，拌和均匀；再将白砂糖、玉米糖浆、1千克饴糖加500克水溶在一起，进行熬煮；当熬到温度为143℃～146℃时，加入椰子油、炼乳和盐，并加以拌和。

(3) 拌料：待上述料拌和均匀后，关掉热源，将其加到上述鸡蛋清糖液中，并搅拌均匀。

(4) 调配：然后加入香兰素、少许老甜酒、橘子香精或其他香精，再与焙好的花生米充分拌和。

(5) 浇板：将上述拌好的料倒在涂油台板或摊开的纸上，浇成0.6～1厘米厚。

(6) 冷却、切块、包装：待板糖冷却至室温后，即可将其切成合适的小块，包以蜡纸、玻璃纸或涂巧克力后再包装，即为成品。

4. 产品特点

本品营养丰富、香甜适口，有一定韧性。

（十六）闽北花生酥

1. 原料

花生米 5 千克，白砂糖 10 千克，饴糖 6.2 千克，富强粉 2.5 千克。

2. 工艺流程

原料预处理→熬糖→拌糖→粉碎→过筛→制球→包装→成品

3. 制作方法

（1）原料预处理：将富强粉炒香、炒熟，将花生米炒香、炒熟，去红皮。

（2）熬糖：将白砂糖加适量的水入锅，加热溶化，熬至起泡，挑起成丝易断时，离火。

（3）拌糖：将炒香的花生米倒入糖浆中，拌均匀，晾凉。

（4）粉碎：将冷却成块的花生糖用捣碎机捣成粉末。

（5）过筛：将粉碎的花生糖粉过筛。

（6）制球：将过筛的花生糖粉与上述熟面粉混合拌匀，即得混合粉；再将饴糖拉白，加上混合粉，碾成薄片，然后将其来回层层折叠，像切面条一样，切成糖条，不要拉开；再围以混合粉，手工将其逐条捏成圆球状，即为花生酥。捏球时，要注意随捏随加混合粉，以防粘连。

（7）包装：最后将花生酥分别用塑料袋包装，即可出售或家庭储藏以备食用。

4. 产品特点

本品色白微黄，状如乒乓球，每颗 20 克，入口即碎，酥脆甜香，老幼皆宜；但成品易碎，储运时必须注意包装。

此种花生酥，既可作为点心食用，又可作为加工小吃的辅料。如制作元宵或糍粑时，均可用花生酥粉做馅心或外蘸花生酥粉。

（十七）无锡奶香花生米

1. 原料

生花生米1千克，桂皮6克，茴香6克，甜蜜素0.5克，香草油少许。

2. 工艺流程

原料预处理→调香调味→沙炒→过筛→晾凉→包装→成品

3. 制作方法

（1）原料预处理：①选择颗粒肥大匀净、表皮齐全的生花生米，放入沸水中烫一下，马上捞起，倒入盘内。②将桂皮、茴香加小饭碗水煮成浓液待用；将甜蜜素用少许水化开。

（2）调香调味：将上述浓液与甜蜜素溶液合并，同时加入少量香草油，一起调匀后，撒到上述花生米盘内，再用干净布盖好。半小时后，香味、甜味都浸渍入花生米内。

（3）沙炒：先将净沙放入锅内炒，到其发烫时，把已入味的花生米放入沙里，不停地翻炒。直到噼啪作响，可铲出几粒花生米，待其稍冷后，若用手搓能轻易将皮除去，且花生米呈象牙色，吹凉以后，用牙咬时感到发脆，即可起锅。

（4）过筛：出锅后，将沙筛净。

（5）晾凉、包装：待花生米晾凉后，即可包装或入瓶保存，随食随取。

4. 产品特点

本品为无锡特产之一，入口香甜脆，吃后满口生香，为招待客人或送礼的佳品。

（十八）油香琥珀花生

1. 原料

花生米、蔗糖、熟猪油、饴糖。

2. 工艺流程

原料预处理→化糖→炒制→返砂→紧炒→摊凉→包装→成品

3. 制作方法

(1) 原料预处理：选择颗粒饱满、大小均匀、干净、不脱红衣、不霉变、不发芽的生花生米，用水洗净。

(2) 化糖：用适量水加蔗糖，放入不锈钢锅内化糖。糖溶化后，用密制笊篱捞出糖液中的杂质。

(3) 炒制、返砂：将花生米倒入糖液中，翻拌均匀，使花生米表面均匀地黏满糖液。随后不停地搅拌和加热，使水分全部蒸发掉后，花生表面所粘的糖将开始返砂，形成不规则糖晶。此时改用文火炒制1～2分钟，促使其返砂。

(4) 紧炒：将文火改为武火，并加速搅拌。返砂糖晶遇高温又开始溶解，当溶解70%～90%时，加入饴糖，迅速搅拌，随即出锅。

(5) 摊凉、包装：将出锅料平摊在装有流动水的冷却台上，待产品凉透，便可包装。

4. 产品特点

本品呈琥珀色，表面黏糖均匀，发亮，有光泽，酥脆香甜，具有浓郁花生香味，不发软，不硌牙，为休闲小食佳品。

注意：因产品挂有饴糖，有一定吸湿性，故必须使其凉透，再用食品塑料袋包装好。存放日期不宜过长，以免发黏和变哈喇味。

（十九）花生烘糕

1. 原料

瓣子花生米6千克，绵白糖25.5千克，糕粉19.5千克，熟芝麻3千克，香草粉15克。

2. 工艺流程

拌制花生米→擦粉装盘→炖糕→切糕→摆盘→烘糕→包装→成品

3. 制作方法

（1）拌制花生米：用糖浆（将绵白糖加适量水加热搅溶成糖浆）将瓣子花生米（即烘干去了红皮后，擀成小瓣的花生）、芝麻及香草粉拌匀后备用。

（2）擦粉装盘：以每盘成品 1.8 千克计算，称取绵白糖 900 克、糕粉 675 克，在案台上揉至滋润程度并过筛后，分成等量的 3 份。以 1 份装入盘，压平，做底子；称取拌糖花生米 325 克，与 1 份糕粉拌和，装入盘内做夹心；再将另一份糕粉铺面子，擀平，压紧。

（3）炖糕：将盘放入热水锅内（水温 80℃左右）蒸 15 分钟，然后取出，将糕切成 3 大条，存放待用。

（4）切糕、摆盘：将存放至次日的糕坯在切片机上或手工切成 1.5 毫米厚的片子，摆入烤盘，并推开成梯形，每盘摆 3 梯。

（5）烘糕：将糕盘放入烘房烘制，烘烤温度为 60℃～80℃，烘 12 小时。待糕表面带黄色，片子能碎断时，即可出烘房。

（6）包装、成品：将出烘房的糕片晾凉，并对其进行修剪整理后，便可用塑料袋装好或用蜡纸包封装盒，即为成品。

4. 产品特点

本品厚薄均匀整齐，酥脆化渣，香甜适口，具有浓郁花生香味，每千克有 280～300 片。

（二十）花生香枣

1. 原料

大红枣、花生米。

2. 工艺流程

原料预处理→配料→烘制→晾凉→包装→成品

3. 制作方法

(1) 原料预处理：①选用无霉烂、颗粒完整的花生米，将其放入烤箱，用150℃的高温烘烤4分钟取出，晾凉后，搓去红皮待用；②选取个大、无虫蛀的大红枣，先放入温水中浸泡20分钟后，再漂洗干净，然后沥水晾干，去除枣核。

去除枣核有2种方法供参考：

其一，用相当于枣核直径的圆管刀，从枣的一头直捅至另一头，然后掉头，再用相当于枣核直径的一段平头钢筋（先要洗干净，用75%酒精擦一遍），将枣核捅出。

其二，若无管刀，也可在一木块上面挖一个比枣核略大的洞，将枣竖放在洞上，用小锤在枣上一砸，然后再用平头钢筋即可捅出枣核。

(2) 配料：在被捅出了枣核的枣里塞进2粒去皮花生米，依此将枣和花生米加工好。

(3) 烘制：将加工后的果仁枣放到烤盘中，先将家用电烤箱预热至90℃，然后放进烤盘，烘烤1小时后，枣色变深，有枣香飘出。此时再将烤箱温度升高至125℃左右，继续烘烤至枣呈深紫色（约40分钟，因枣的干湿程度不同，烘烤时间应灵活掌握），有焦香味时，即可取出。

(4) 晾凉、包装：摊凉后，定量包装，即为成品。

4. 产品特点

本品酥脆香甜，补血健体。

（二十一）花生豆腐

1. 原料

花生米、葛粉（由葛根提出的淀粉）、水。

2. 工艺流程

浸泡→磨浆→配料→冷却

3. 制作方法

（1）浸泡：挑选出无霉烂颗粒的花生米，先将其放入水中浸泡1夜，然后再搓去红皮，用清水冲洗干净。

（2）磨浆：加适量水将上述花生米捣碎、磨浆，用洁净纱布过滤，滤渣反复再洗2～3次，合并滤液。

（3）配料、冷却：以1份滤液加1份葛粉、6份水的比例将其混合均匀。注意添加水应分2次进行。用文火将其加热1小时左右，然后自然冷却5小时，即为花生豆腐。

4. 产品特点

本品不需加钙、盐凝固剂，为乳白色半透明状豆腐形，质地细嫩，微具花生清香，营养价值高。它可随人喜爱烹饪成咸、甜或酸辣花生豆腐汤以及凉拌或加佐料做成其他可口菜。

（二十二）多味花生酱

1. 原料

花生米、糖、食盐、辣椒、糊精。

2. 工艺流程

花生米去杂→烘烤→破碎、去红皮→配料→磨浆→杀菌→装瓶→成品

3. 制作方法

（1）花生米去杂：选取优质花生米，除去未熟粒、霉变粒、虫粒及泥土、石屑和外壳等杂物。

（2）烘烤：将电烤炉升温至180℃～200℃，并将花生米置炉中烘烤15分钟左右，即刻出炉、冷却。

（3）破碎、去红皮：将冷却至45℃以下的花生米用捣碎机破碎为小瓣，然后用风吹去红皮，或用手搓，除去红皮。

（4）配料：将糖、盐和辣椒加入适量热开水中，搅匀，待糖、盐溶化后，一并倒入花生瓣中。

（5）磨浆：用高速捣碎机或豆浆机，将上述混合料充分捣碎，至无明显颗粒为止。

（6）杀菌：将上述酱体倒入不锈钢锅中，加热杀菌，并在此加入糊精增稠。

（7）装瓶：将空瓶预先洗净杀菌，并将已杀菌的花生酱体趁热装入瓶中，立即封盖。冷却后，入冰箱，随食随用。

4. 产品特点

本品为黄褐色或棕黄色的均匀浓稠酱体，具有浓郁的花生香味，咸甜可口，有辣味，开胃健脾。

（二十三）花生奶饮料

1. 原料

花生米 100 克，食用碱少许，白糖、蛋白糖、精盐各适量。

2. 工艺流程

原料预处理→碱处理→磨浆→过滤去渣→煮浆杀菌→调味→装瓶→成品

3. 制作方法

（1）原料预处理：剔除霉烂变质的花生米，拣去杂质，洗净。

（2）碱处理：将少许食用碱溶于水中，并将花生米倒入其中，浸泡 2～10 小时（浸泡时间视气温和水温而定）。浸至花生米饱满，然后倒去有色浸泡液，换上新的碱液，加热至沸，弃去色液。

（3）磨浆：在花生米中加入 600 毫升热稀碱溶液（有利花生中的蛋白质溶出，但不需要加过多碱，以免影响品味），然后一并用磨浆机磨浆。

（4）过滤去渣：用双层洁净纱布过滤，将滤出的花生渣用80℃以上的热水搅洗，再进行分离，反复2～3次，提取渣中残存的水溶性蛋白质。将多次滤液合并，即为生花生乳液。

（5）煮浆杀菌：将花生乳液加热煮沸。当温度达80℃，液面起泡时，用勺撇除泡沫。当温度达94℃～96℃时，液面翻滚，维持此状1～2分钟，即可杀菌杀毒。注意加热时间不宜过久，以免蛋白质变性沉淀。

（6）调味、装瓶：将调味料先用热水溶化，再加入花生乳搅匀，倒入已杀菌的玻璃瓶中，冷却后随时饮用。

4. 产品特点

本品为乳白色奶状液，口感柔和、清香。它具有舒脾、润肺、滋补强身等作用，老少皆可食用，尤其对提高儿童记忆力，延缓中老年人衰老大有帮助。

注意：跌打损伤有淤血及消化不良、大便溏泻者不宜饮用本品。

（二十四）薯蔓花生奶

1. 原料

薯蔓（红薯秧尖）、花生米、蔗糖、奶粉等各适量。

2. 工艺流程

花生米处理→薯蔓处理→调配→杀菌→晾凉→成品

3. 制作方法

（1）花生米处理：选用无霉变、颗粒饱满、无杂质、无虫蛀的新鲜优质花生米。将其烤熟，搓去红皮，用清水浸泡至涨大。然后，将其捞出，加入3倍清水一起磨浆，用纱布过滤。渣继续加水磨浆，再过滤分离，将两次浆液合并，加热煮沸10分钟。

（2）薯蔓处理：选取包括红薯藤尖在内的约10厘米的部分，以光滑、色紫者为好。先将薯蔓放入薯蔓重量4倍的100℃沸水中热烫5分钟，烫完后，捞出沥干水分，加3倍清水打浆，用纱布滤出浆液。渣再加水打一次浆，再取滤液，将两次浆液合并。

（3）调配、杀菌、晾凉：将花生浆和薯蔓浆按1∶1容积混合。先将其加热煮沸，再加入适量溶好的糖水、蛋白糖和全脂奶粉，再沸，即可离火。晾温即可供饮用。

4. 产品特点

本品为微紫色乳状液体，富含蛋白质、铁、钾、钙、纤维素等，有通便排毒和利尿的作用，并有预防便秘和肠癌的作用。

（二十五）酥花生片

1. 原料

经制饮料后的花生渣、砂糖、饴糖。

2. 工艺流程

烘干→熬糖→和料→压片、切块→包装→成品

3. 制作方法

（1）烘干：将花生渣置烤箱烘烤至呈微黄色、香气扑鼻时，取出称重。

（2）熬糖：称取干花生渣量1～1.5倍的砂糖和干花生渣量0.5～0.8倍的饴糖，加入适量水，同时放入锅内熬煮，加适量植物油。用铲子搅拌，直熬煮到锅内混合糖液温度为145℃左右，用筷子挑起糖浆，有拉丝现象为止，将锅离火。

（3）和料：趁热将烘好的花生渣倒进糖锅内，搅拌均匀。

（4）压片、切块、包装：将拌好的花生渣糖坯倒在抹了一薄层熟植物油的平板上，用擀面棍将其擀压成3厘米厚的糖片。将其切成5～6厘米宽的长条后，再切成厚0.5厘米左右的薄片，即可包装密封，成为成品。

4. 产品特点

本品为微黄色薄片，略有光泽，以酥脆、香甜为其特点，少

脂多纤维。

（二十六）花生米奶

1. 原料

花生米、糙米、白砂糖。

2. 工艺流程

焙炒→粉碎→浸泡→过滤→炒米、提取→调配→煮沸→晾凉→成品

3. 制作方法

（1）焙炒：选取无霉烂、无虫蛀的合格花生米，在200℃～250℃的高温条件下焙炒5分钟。

（2）粉碎：将炒好的花生米放入碾碎机，粉碎成粉末状。

（3）浸泡：取炒花生粉末1千克，投入12升的100℃开水中，浸泡10～20分钟。

（4）过滤：将其过滤，得到花生乳10.5升，备用。

（5）炒米、提取：取糙米，用200℃的高温焙炒5分钟，再取炒好的糙米1千克，投入100℃的1升开水中浸泡8～10分钟，再经过滤后得到提取液10升。

（6）调配、煮沸、晾凉：将花生乳和糙米浸提液合并，再添加适量砂糖煮沸，即为花生米奶，晾凉，可供做饮料。

4. 产品特点

本品含有大量球蛋白、油酸及亚油酸之类能促进人体健康和生长发育的物质，营养丰富，有抗癌作用，气味芳香，风味独特。经制取后的滤渣，还可制点心、方便食品等。

（二十七）花生奶冰激凌

1. 原料

花生米400克，白糖800克，奶粉100克，淀粉160克，食用油200克，明胶40克，鸡蛋2个。

2. 工艺流程

原料选择→烘烤→脱红皮→浸泡→漂洗→煮熟→再漂洗→高速捣碎→过滤→滤渣再捣碎→再过滤→溶糖和明胶→调配→杀菌→捣匀→速冷、老化→速冻→硬化→成品

3. 制作方法

（1）原料选择：选用无霉烂、无虫蛀、无杂质的花生米。

（2）烘烤：将花生米置于110℃～130℃高温条件下烘烤40～50分钟。

（3）脱红皮：用手搓去花生米红皮。

（4）浸泡：在气温较低季节，将花生米用自来水浸泡12小时以上；气温较高时，浸泡6～8小时。

（5）漂洗、煮熟、再漂洗、高速捣碎：漂洗净，煮熟，再冲洗后，倒入高速捣碎机，加适量水（水的用量为花生米重量的8倍为好）进行捣碎。

（6）过滤、滤渣再捣碎、再过滤：用洁净双层纱布袋过滤，滤渣加水再捣碎一次，再过滤，将两次滤液合并。

（7）溶糖和明胶：将明胶与糖混合，加开水溶化。

（8）调配：把糖液加到花生浆中，并将鸡蛋去壳，取蛋清搅拌打匀，将淀粉、奶粉先溶入冷开水，再一并加入花生浆中，边加边搅拌，用高速捣碎机捣匀更好。

（9）杀菌：将上述混合液倒入锅中煮沸、杀菌后，迅速冷却到65℃左右。

（10）捣匀：再次将其放在高速捣碎机中捣匀，使物料充分乳化，使产品膨化率高，口感细腻。

（11）速冷、老化：将捣匀的花生浆放入凉水中迅速冷至10℃以下，再放入冰箱，使其在4℃的条件下老化12～24小时。

（12）速冻、硬化：将冰箱内的花生浆液放入冰箱里的冰冻

室，温度为－5℃以下，至浆液硬化，即为自制花生奶冰激凌。

4. 产品特点

本品呈乳白色，组织细腻，无冰晶存在，口感细腻，滑爽清凉，具有醇厚的花生香风味。

（二十八）绿衣花生

1. 原料

花生米 1 千克，面粉 500 克，绿色蔬菜 1.2 千克，淀粉 80 克，精盐 10 克，蜂蜜 100 克，膨松粉 5 克。

2. 工艺流程

原料预处理→挂衣→二次烘烤→裹绿衣→烘干→冷却→包装→成品

3. 制作方法

（1）原料预处理

①先去除绿色蔬菜的根蒂、腐叶，将其清洗、漂烫，置于打浆机中打成糊状。

②取 3/5 的菜糊，添加适量的面粉、淀粉、精盐等搅匀，在 50℃～70℃条件下，制成蔬菜糊粉。

③将剩余的面粉、淀粉同膨松粉均匀混合，配合成固体混合料。将剩余的菜糊、精盐加适量的水，制成混合液。将蜂蜜加 5～10 倍的水，配成蜜水。

④对花生米进行清理和挑选，除去霉变和坏的花生米。然后放入 100℃～130℃的温度下烘热，搓去红皮，待其冷却至室温。

（2）挂衣、二次烘烤：将去皮花生米放进糖衣机，边旋转边撒入混合液、固体混合料。经反复操作至固体混合料基本均匀分布在每粒花生米上，再进行二次烘烤（或短时油炸），待其冷却。

（3）裹绿衣：将烘熟的绿衣花生置入裹衣机中，边转动边撒入蜂蜜水及菜糊粉，使菜糊粉均匀粘满花生。然后置于 50℃～

70℃条件下烘干，冷却至室温，密封包装，即为成品。

4. 产品特点

本品为绿色外衣颗粒，酥脆香甜，营养丰富。

（二十九）花生虾酱汁

1. 原料

花生酱50克，虾酱25克，黄酒30克，食用植物油30克，大葱20克，生抽酱油20克，精盐16克，胡椒粉6克，鸡精6克。

2. 工艺流程

原料预处理→炒制→调配→杀菌→溶解→装瓶→成品

3. 制作方法

（1）原料预处理：将大葱去掉表皮，清洗干净，切碎；将花生酱与虾酱混合。

（2）炒制、调配：将植物油加热，油温在四成热时，倒入混合调味酱，炒制片刻，再放入生抽酱油、切碎的葱、黄酒及400克清水，搅拌均匀。

（3）杀菌、溶解：将上述混合料先以旺火加热至沸，再改文火煮沸20分钟，最后加入胡椒粉、鸡精，搅匀即可出锅。

（4）装瓶：先将瓶洗净、杀菌，再把上述汁液倒入瓶中，密封即可，待冷却即为成品。

4. 产品特点

本品口味鲜香，花生酱味浓厚，一般用于热菜的烹调。

（三十）瓶装蜜甜花生米

1. 原料

花生米480克，蜂蜜2克，砂糖76克，精盐1克，淀粉4克，鸡精少许。

2. 工艺流程

原料剔选→洗涤→制糖浆→装瓶→封口→杀菌→冷却→成品

3. 制作方法

(1) 原料剔选：选择颗粒饱满、无霉烂、无虫蚀的完整花生米做原料，剔除杂质。

(2) 洗涤：将选出的花生米用流水冲洗干净，沥干水（防花生米浸水过久造成红衣脱落）。

(3) 制糖浆：按上列除花生米外的配方及用量制作200克糖浆，即将糖溶于195克沸水中搅溶，取出10毫升放冷，将淀粉加进10毫升冷糖水中，调匀；然后慢慢加入糖水内，边加边搅，使其成为均匀浆体；并依次加入精盐、蜂蜜、鸡精，继续搅和均匀。

(4) 装瓶：将沥干水的花生米分装入两个广口玻璃瓶中（每瓶能装240克的瓶），再将配好的糖浆也分两瓶倒入。

(5) 封口、杀菌、冷却：马上盖好（不盖紧）瓶盖，在热水锅中加热煮沸15分钟。排气后盖紧，保温50分钟，取出让其自然冷却。不要立即用冷水淋瓶，以防玻璃瓶炸裂。

4. 产品特点

本品颗粒完整，香甜适口，滋阴润肺，老少皆宜。糖尿病患者少用，腹泻者勿用。

四、芝麻制品

(一) 酥脆芝麻片

1. 原料

去皮芝麻 1 千克，白糖 1.5 千克，饴糖 1.25 千克，花生米 750 克，熟猪油 150 克。

2. 工艺流程

原料预处理→熬糖→拌和→上案→切块→包装→成品

3. 制作方法

(1) 原料预处理：将芝麻用水浸泡一昼夜，然后用木杵舂捣，再用清水冲淘，去尽其表皮，炒熟备用；对花生米进行精选后，将其炒香，去红皮备用。

(2) 熬糖：将白糖加适量水煮沸，用洁净纱布过滤后，加入饴糖。饴糖溶化后再过滤一次。将糖液熬制至 120℃左右时，下入化猪油，再继续熬制至 135℃时端锅。

(3) 拌和、上案：将芝麻、花生米同时倒入锅内，经迅速拌和后，再倒上案板（先在案板上抹薄层熟油），摊开，擀平，把四周拍整齐。

(4) 切块：用刀将其先切成长条，再切块成型。

(5) 包装：待晾凉透，即刻用食品塑料袋包装好，以防回潮，随吃随取。

4. 产品特点

本品为乳白色小方块，均匀整齐，组织细腻紧密，入口酥脆，浓甜纯香，有醇厚的芝麻花生香味，深受消费者喜爱，是送礼佳品。糖尿病患者和腹泻者不宜食用。

（二）松仁麻片糖

1. 原料

芝麻仁4千克，松子仁500克，白糖3.4千克，淀粉饴糖1.6千克，芝麻油200克。

2. 工艺流程

原料处理→化糖→拌料→切片→冷却→包装→成品

3. 制作方法

（1）原料处理：将芝麻浸入水内，去掉杂质与皮屑，捞出沥水，趁湿碾轧脱皮，碾轧后及时放入锅内炒制。炒时要掌握火候，不停地翻动，使之受热均匀，水分迅速蒸发，炒熟呈乳白色，不焦糊。炒熟后，出锅吹去皮屑。松子仁用微火炒熟即可。

（2）化糖：将糖和适量水放入锅内加热，溶化，过滤去杂质后，掺入饴糖，熬成糖浆待用。

（3）拌料：糖熬好前，加入芝麻油，搅匀，将芝麻预先置于锅内（芝麻温度应保持在30℃～40℃），呈现盆状。将熬好的糖及时倒入，并放入松子仁，用竹筷搅拌，边搅拌，饴糖边凝固，然后用手揉叠，放入芝麻。

（4）切片：将上述混合料移到案板上，继续揉搓成直径为3.5厘米的长条，再用两片宽3.5厘米的长木板将糖夹成三角形条，再用快刀将其横切成厚2～2.5毫米的三角形薄片。随切随拨开，防止粘连。

（5）冷却、包装：待冷透后，密闭保管，随吃随取，请客送礼均可。

4. 产品特点

本品为橙黄色三角形芝麻糖片，酥脆香甜，芝麻、松子味浓郁，为休闲、送礼佳品。

（三）芝麻酥

1. 原料

黑芝麻 2.5 千克，糖 3.5 千克，熟面粉 750 克，瓜子仁 100 克，黄桂花 50 克，冷开水 330 克。

2. 工艺流程

原料预处理→舂糖屑→过筛→拌和→成型→包装→成品

3. 制作方法

（1）原料预处理：先将黑芝麻淘洗干净，用旺火炒熟，并在石臼中舂打成屑；将砂糖加入冷开水，混合制成潮糖。

（2）舂糖屑：将 3 千克潮糖与芝麻屑拌在一起，再次舂打成甜屑（或用拌粉机拌透）。

（3）过筛、拌和：过筛去杂，拌入瓜子仁和桂花。

（4）成型：将剩余的潮糖与熟面粉擦匀成甜粉，过 20 目铁丝筛。在长方形薄木板上衬上一层纸，在纸的周围装上活动木框（约 3 厘米高），先在底上铺一层甜粉，按平了再铺上甜芝麻屑（约 2.6 厘米厚），按平；再铺上甜粉，再按平，然后将其切成方块。

（5）包装：将切好的方块进行包装，即为成品。

4. 产品特点

本品又名黑麻酥，还名芝麻夹心糕。它历史悠久，可以做汤团（圆子）馅料，香甜细腻，与浙江名产宁波汤团同享盛誉，咬一口，满口生香。

（四）四川麻圆

1. 原料

芝麻 2 千克，糯米 5.6 千克，白糖 1.8 千克，菜油 2.4 千克，饴糖 1.5 千克。

2. 工艺流程

制粉→制熟芡→制坯→炸制→淋糖→面芝麻→过筛→包装→成品

3. 制作方法

(1) 制粉：将糯米浸泡 7 天左右（每天换水 1 次），滤干，搅磨成粉，并用 80 目筛过筛。糯米粉宜当天用完，如有剩余，则需摊晾通风，以免变质。

(2) 制熟芡：用配料中 10%左右的糯米粉于锅内煮熟，并拌成糊羹状，即为熟芡。

(3) 制坯：将糯米粉与熟芡、饴糖（饴糖用量约为糯米粉的 3%）混合，再加水（水量为糯米粉的 15%），拌和均匀，揉成粉团；然后按要求分料，分别擀成厚 1.2 厘米左右的片状，再切成方形小颗粒。

(4) 炸制：将切好的坯料下入 160℃～180℃的油锅中炸制数分钟（一般为 7～10 分钟）。制品呈金黄色，内部呈丝瓜瓤状时，即可捞出。

(5) 淋糖：先制糖浆，即在配料中的 720 克白糖中加 216 克水（即水量为白糖的 30%左右），待溶化煮沸后，加进饴糖，进行熬糖。夏天熬至 125℃，冬天熬至 120℃左右时，即可端锅。然后将糖浆淋到炸制好的糯米团上。

(6) 面芝麻：预先将芝麻浸泡、去壳、炒熟，然后给上满糖浆的糯米团上麻衣。可一面摇动装糖圆的盆子，一边慢慢撒芝麻；也可将圆子放入芝麻盘，不停滚动，使芝麻上得满体均匀。

(7) 过筛：面好芝麻后，便过筛，筛去漂离重叠的芝麻，使制品光亮。

(8) 包装：将过好筛的麻圆进行包装，即为成品。

4. 产品特点

本品为芝麻球形，白色略黄，面上芝麻均匀，体形完整，剖面呈丝瓜瓤状，口感酥脆松泡，香甜适口，外香内酥，有芝麻独有香味。

（五）湖北麻烘糕

1. 原料

绵白糖 5.5 千克，糕粉 3.5 千克，熟黑芝麻 1 千克，糖桂花 200 克，小磨麻油 200 克。

2. 工艺流程

制底面料→制心料→上盆→压糕→分条→烫盆→装箱→炖糕→切片→烘烤→整理→冷却→包装→成品

3. 制作方法

（1）制底面料：将一定的绵白糖过筛，除去杂物，倒在案板上围成圈；再将配好的麻油和适量热水或过滤水倒入圈中搅拌，并逐步拌入绵白糖搓擦均匀；然后放入木槽中静置待用。这在工艺上称为“胀糖”。一般在炖糕前一天要准备好，然后根据糕盆的数量，取一定量胀好的糖放在案板上，按配方加入糕粉一起拌和，使糖和糕粉充分搓擦均匀。物料的干湿程度视天气而定，当手感绵软、柔和时即可过筛，这叫做“擦糕”。将过筛后的糖糕粉分出少量作为糕坯的底面料。

（2）制心料：把其余的糖糕粉加入早已拌和好的熟黑芝麻和桂花之中，混合均匀，作为糕坯的心料。

（3）上盆、压糕：这时一次将底面料、心料、面料放入糖盆中铺垫均匀，压紧。

（4）分条、烫盆、装箱：用刀将糕坯分切成条，然后把盆子放入热水中稍烫，将糕坯倒出，再将其整齐地放入箱内。

（5）炖糕：先分层筛上一些熟面粉盖住糕，存放 1 天，让其逐渐吸收糕坯水分，使糕坯组织紧密，这就叫“炖糕”。

（6）切片、烘烤：按需要切片，糕片长85毫米，宽25毫米，厚2毫米。然后将其烘烤至香，每千克可制312～328片。

（7）整理、冷却、包装：经过整理、冷却后，计量包装，即为成品。

4. 产品特点

本品为粉白色糕片，香甜细腻，松酥脆爽，中间芝麻、桂花清楚均匀，无粗点。

（六）笔管糖

1. 原料

熟芝麻适量，麦芽糖5份，砂糖3份，荤、素油各少许，小苏打粉少许。

2. 工艺流程

熬糖→打糖→切段→制麻衣→包装→成品

3. 制作方法

（1）熬糖：先把麦芽糖倒入锅内，再分别按上述比例投料（小苏打粉除外）。熬煮时用锅铲上下左右不断搅拌。要想判断糖浆熬煮浓度是否合适，则只要用一把长柄的长方形薄刀，蘸取一些正在熬煮的糖浆进行观察即可。如浓度偏低，聚集在刀口的糖浆成细小的线滴流下；随着浓度提高，糖浆成大线条快速流下，此时说明笔管骨架已经熬好，这时糖浆温度在130℃左右。

（2）打糖：将熬好的糖浆立即起锅，倒入铁盘内，冷却至100℃，并加入少量小苏打粉；用水拍成球形，并用力摔打，使其形成很多小气孔，并将其揉搓成长条。

（3）切段：用预先烘热的铁刀按规定长度将其切断，平摊在竹筛上，再将竹筛放到沸水锅上，让蒸汽把糖条表面蒸潮。

（4）制麻衣：向糖条表面撒上熟芝麻，边撒边滚动，至糖条上均匀黏满芝麻为止，笔管糖就此制成了。

（5）包装：包装防潮，即为成品。

4. 产品特点

本品为芝麻笔管糖，酥脆香甜，甜而不腻，为休闲佳品。

（七）芝麻牛皮糖

1. 原料

熟芝麻 5 千克，砂糖 10 千克，饴糖 8 千克，绿豆淀粉 3 千克，芝麻油 5 千克，桂花 500 克，水 4 千克。

2. 工艺流程

熬糖→成型→包装→成品

3. 制作方法

（1）熬糖：将糖和水放入锅内熬制，待糖溶化，水沸后，先将淀粉用冷水溶解，用罗滤入锅内，随入随搅动。熬成黏糊状时，加入饴糖混熬，大约 1 小时后，加入芝麻油，快熬好时加入香料（桂花，如用橘饼或洗净的橘皮更好）。熬制时须用铲子不停地铲动。全部熬糖时间约为 2 小时。糖熬好时（以糖膏取样浸入冷水冷却，磕碰即断裂为成熟），移离火源。

（2）成型：在案板上铺一层芝麻，把糖膏倒在上面，在此上再撒一层芝麻；待温度稍降低，有一定硬韧度时，用走锤压平，厚约 6 毫米；再用刀切成宽约 1.2 厘米的条，用木板尺 3 把，将糖条的两侧和上面扎紧成长方形；再用刀横切成 2～2.5 毫米的糖片，即为成品。

（3）包装：包装保管，即为成品，随吃随取，随售随卖。

4. 产品特点

本品绵软化渣，香甜适口，具有芝麻、桂花清香，有韧性，耐咀嚼。在糖食中独具一格，别有风味。

（八）美发黑芝麻糊

1. 原料

黑芝麻4千克，花生米1千克，黑米2千克，大米1.5千克，白糖1.4千克，羧甲基纤维素100克。

2. 工艺流程

原料预处理→调配→计量包装→成品

3. 制作方法

（1）原料预处理

①黑芝麻的加工：先用筛子过筛，去除芝麻中的石块、土块等较大杂质；然后用水洗法去除黏附在芝麻表皮上的泥土、虫卵等杂质；再将黑芝麻浸泡在5～10倍的清水中，浸泡15分钟左右，用细筛筐捞起黑芝麻，并用清水清洗，冲去残留于黑芝麻间的细沙土，随后沥水并晾干，使黑芝麻表面保持干燥；将清洗晾干后的黑芝麻用卧式滚筒炒烤炉，在200℃～220℃温度下，炒制15～20分钟，使芝麻内部由白色变为深黄色，并发出浓郁的芝麻香味；黑芝麻出炉后，应迅速扬烟冷却，使温度骤降，防止内部焦煳，增加香味；然后将其送入粉碎机进行粉碎，并过20目左右筛网得黑芝麻粉。

②花生米的处理：称取原料花生米，首先要剔除霉变颗粒及杂质，然后送入炒烤炉进行炒烤，温度控制在200℃左右；同时要不断翻动物料以使其受热均匀，时间约以30分钟为宜，烤至花生米内部微黄，并发出炒花生米香味；出炉后，尽快用除湿后的冷空气将其冷却；然后用脱红皮机或人工脱去花生红皮；最后用粉碎机进行初步粉碎，粉碎粒度在20目左右。

③黑米膨化粉的制备：首先将大米、黑米中的少量杂质清除，接着送入粉碎机进行粉碎；加适量水分到米粉中，稍作静置，使水分与米粉均匀混合；将调湿后的米粉（约含20%水分）

送入双螺杆挤压膨化机进行挤压膨化后，得到水分含量为4%～8%的颗粒膨化黑米制品；再入粉碎机，经粉碎，过筛得到80目左右的膨化黑米粉。

（2）调配：将上述所得黑芝麻粉、花生粉、膨化米粉及白糖、羧甲基纤维素一起放入混合机中进行5～10分钟的搅拌混合；然后将混合后的物料放入粉碎机进行细粉碎，并过80目的筛网。

（3）计量包装：应尽快将上述黑芝麻混合粉计量密封包装，以防受潮、细菌污染及脂肪被氧化，即得成品。其中，产品包装分大、小袋包装，每大袋20小袋，每小袋20克黑芝麻糊。

4. 产品特点

本品为黑色粉状固体，香甜适口，具有芝麻和膨化米粉特有的香气；易冲调，复水后呈紫红色糊状，口感细腻，易为人体消化吸收；富含维生素E，具有抗衰老、养颜美容、降脂降压、乌发生发的作用。

（九）黑芝麻营养羹

1. 原料

黑芝麻1.5千克，蔗糖粉3千克，核桃仁250克，花生米250克，黑米5千克。

2. 工艺流程

原料预处理→粉碎→混合搅拌→过筛→计量→杀菌→包装→成品

3. 制作方法

（1）原料预处理：先将黑芝麻、核桃仁、花生米在烤箱中烤熟、烤香，烘烤温度以100℃～120℃为宜。花生烤好后，要将其去红皮；烤核桃前，要将其在沸水中焯一下。

（2）粉碎：将上述原料一并入粉碎机进行粉碎。

（3）混合搅拌：将混合粉加入蔗糖粉，放进搅拌机中，混合均匀。

（4）过筛、计量、杀菌、包装：过筛后的成品要及时包装，不可过夜。包装前要进行杀菌，用紫外线杀菌 40 分钟，然后马上计量包装，即为成品。

4. 产品特点

本品为黑色细粉末状，无结块，用开水冲调即为糊状，滋味香甜，有补肝肾、乌发、润肤养颜的作用，是老幼皆宜、居家旅行之佳品。

（十）芝麻酱

1. 原料

上等芝麻、精盐、香料。

2. 工艺流程

筛选→漂洗、浸泡→炒制、脱皮→烘炒→磨酱→配制→包装→成品

3. 制作方法

（1）筛选：将芝麻过筛，剔除沙石、土块、草屑等杂质。

（2）漂洗、浸泡：将选出的芝麻放入清水中漂洗，淘去秕粒、空皮及杂质；浸泡 10 分钟左右，待芝麻充分吸收水后，捞到密眼竹筛上沥水、晾干。

（3）炒制、脱皮：将洗净的芝麻倒入锅中炒至半干，取出，用木槌打搓去皮（不要将芝麻打烂），然后用簸箕将皮簸去。

（4）烘炒：将脱皮后的芝麻倒入锅中，用小火烘炒，同时用木铲不断翻动，炒至芝麻用手捻即碎便可。

（5）磨酱：用石磨将炒好的芝麻磨成稀糊状。磨料时在磨眼中插入几根竹签，使酱料下得均匀。要趁热将磨好的酱装入玻璃器皿中。50 千克上等芝麻可磨制 40～42.5 千克芝麻酱。

（6）配制：为了使芝麻酱更有风味，可在芝麻焙炒前取占料重8%的食盐，用水化开，并在水中加入少量大料（八角）粉、花椒粉、茴香粉，搅拌均匀，然后倒入脱皮芝麻中，闷3～4小时。待调料慢慢被芝麻吸收，然后再烘炒。

（7）包装：将芝麻酱计量包装，即为成品。

4. 产品特点

本品为黄褐色酱体，质地细腻，味美可口，具有芝麻固有的浓郁香气，不发霉，不生虫。

（十一）麻酱汁

1. 原料

纯芝麻酱300克，花椒油15克，酱油10克，白砂糖8克，食盐5克，鸡精3克。

2. 工艺流程

芝麻酱→加花椒油→调配→装瓶→成品

3. 制作方法

（1）加花椒油：将芝麻酱放入干净容器内，倒入花椒油，搅拌均匀。

（2）调配：先用适量温开水溶解白砂糖、食盐、鸡精，再将溶解液倒入芝麻酱中搅拌，调成糊状即可。

（3）装瓶：将上述混合料装瓶，即为成品。

4. 产品特点

本品为黄褐色酱汁，具有芝麻酱的自然清香，香麻鲜甜，微咸，香醇可口。

（十二）麻酱多味汁

1. 原料

芝麻酱120克，酱油300克，砂糖30克，食用植物油30

克，米醋20克，干辣椒20克，食盐15克，芝麻10克，大葱10克，大蒜10克，鲜姜8克，胡椒粉6克，味精6克，芝麻油适量。

2. 工艺流程

原料预处理→混合、加热→调味→二次混合、加热→装瓶→成品

3. 制作方法

(1) 原料预处理：将大葱去掉表皮，清洗干净，切碎；将鲜姜清洗干净，切碎；将大蒜去皮，捣碎；将干辣椒清洗干净，控干水分，切段；将花椒炒熟，再粉碎成粉或捣成粉；将芝麻炒熟备用。

(2) 混合、加热：将植物油加热，倒入辣椒，用文火加热，再放入花椒粉炸至出香味。

(3) 调味：将酱油倒入干净的锅内，再放入芝麻酱，边放边搅，调配均匀，使其呈米汤样的稀稠状。

(4) 二次混合、加热、装瓶：将砂糖、盐和处理好的大葱、大蒜、鲜姜一同倒入酱油麻酱调料中，加热搅拌，使原料充分溶解、混合。以文火加热至沸，倒入辣椒油、米醋、胡椒粉、味精，搅拌均匀后停止加热。淋上适量的芝麻油，拌上香芝麻即可趁热装入已杀菌的玻璃瓶中。封盖、冷却后为成品，随吃随取。

4. 产品特点

本品为酱色凉拌调味汁，浓度适中，口感咸、甜、麻、辣、酸、香各味俱全，芝麻香味较浓厚，主要用于拌制熟肉食品，也可拌蔬菜及面食。

(十三) 麻面酱

1. 原料

芝麻酱300克，酱油300克，砂糖60克，米醋50克，大蒜

50 克，芝麻 20 克，冷开水适量，芝麻油适量。

2. 工艺流程

原料预处理→混合→调配→搅匀→成品

3. 制作方法

（1）原料预处理：将芝麻放入烤箱，在 120℃左右的高温下烘烤，烤至出香味；将大蒜去皮，掰成蒜瓣，捣碎；将砂糖用适量热开水溶化，晾凉。

（2）混合、调配、搅匀：将所有的原料混合，调入适量凉开水，充分搅拌即可。

4. 产品特点

本品为酱体，鲜香微酸，有浓郁的麻酱香味，营养丰富，主要用于拌凉面等食品。食用时，还可加入蔬菜丝，如胡萝卜丝、黄瓜丝等。

（十四）双色芝麻饼

1. 原料

去皮白芝麻 400 克，黑芝麻 400 克，白面粉 4.7 千克，酵母粉 450 克，精盐 120 克，食碱 2.5 克，油渣 800 克，香葱 2 千克，花生油 1.7 千克，熟猪油 500 克。可出成品 200 个。

2. 工艺流程

原料预处理→和面→发酵→中和→揉面→做面剂→包馅制坯→双面蘸麻→煎烙→成品

3. 制作方法

（1）原料预处理：将香葱洗净，切成细末；将油渣切碎，与精盐、熟猪油、葱末拌成馅；取 1 千克面粉放于钵内，与 500 克花生油和成酥面。

（2）和面、发酵：取 3.2 千克面粉，加 80℃热水 1.2 千克，与酵母一起和好，进行发酵。

（3）中和：将发酵好的面加入碱液（食碱用100毫升沸水溶化），揉搓至面皮光滑，敲之有“嘭嘭”声时待用。

（4）揉面、做面剂：将面团搓成66厘米长的条，再用手掌压至17厘米宽，然后将油酥面搓成相应大小，放在其上，横卷成长条并搓长，做成大小相等的面剂子200个。

（5）包馅制坯：将面剂子拍扁（直径约6厘米），放在左手指根上，挑馅心约15克放在面皮中心，左手四指合拢包合，用右手拇指和食指收口捏紧，将其擀成6厘米长的椭圆形饼坯。

（6）双面蘸麻：将黑、白芝麻分别放入长方形的木质平盘内，摊匀、铺匀。将擀好的面饼两面刷水，分别蘸上黑、白芝麻，即成双面芝麻饼。

（7）煎烙：将圆形大平锅放在火上烧热，将麻饼整齐放入锅中，加入花生油煎烙，并不时翻动，直至麻饼鼓起，呈金黄色即熟。

（8）成品：待冷却后，用食品塑料袋定量包装好，即为成品。

4. 产品特点

本品色泽金黄，质地酥脆，双面双色，咸香可口。也可用猪板油丁、绵白糖加豆沙或枣泥将其做成甜味。

五、其他类制品

（一）椒盐核桃

1. 原料

山核桃10千克，精盐2千克，粗盐500克。

2. 工艺流程

原料选择→初炒→浸盐→再炒→包装

3. 制作方法

（1）原料选择：选用已成熟、核仁饱满的果实。晒干后用风车或筛子将其去掉杂草、树叶等杂质，脱涩。

（2）初炒：初炒时，不用加砂，用旺火炒至山核桃壳缝合线自然张开，手摸山核桃感到烫手即可。

（3）浸盐：配制盐水，用盐量为山核桃重的18%左右。将炒熟的山核桃浸在盐水里，使山核桃仁充分吸收盐分，然后捞出，沥去盐水。

（4）再炒：在锅中加粗盐250克，将其炒热后，立即倒进山核桃。先用旺火炒，当炒至山核桃表面水分全部挥发后，再用文火继续炒至核桃呈象牙色就可起锅。炒制过程中，应不断翻动，以免生熟不均匀。

（5）包装：让其自然冷却后，再用铝皮箱或塑料薄膜食品袋包装密封。家庭少量储存时，可使用瓷器或广口玻璃瓶。

4. 产品特点

本品表面微带白色盐霜，脱仁容易，核仁饱满，食之香脆，略带咸味，回味绝佳。

注意：炒制过程中也可以不加食盐和浸盐水，这样便可保持山核桃原有的风味。

(二) 甜核桃仁

1. 原料

核桃仁 10 千克，食盐 24 克，糖粉 2 千克，食用油适量。

2. 工艺流程

原料筛选→水煮→速冷→甩水→油炸→甩油→晾凉→撞皮→挑选→蘸油→拌糖→分选→包装→成品

3. 制作方法

(1) 原料筛选：挑选优质、无哈喇味的核桃仁，并按大小分选，放在干燥、洁净的地方。

(2) 水煮、速冷：将核桃仁放入双层锅内，每次 5 千克，用沸水热烫 3～4 分钟，待水再次沸腾后即可捞出，用流动清水冷却，并漂洗。

(3) 甩水：沥干核桃仁水分，或用离心机甩水 1～2 分钟，使核桃仁含水量在 10%左右。

(4) 油炸：将 4～5 千克核桃仁装入油炸筐内，置于油槽进行油炸。油温 150℃～160℃，时间 2～4 分钟。

(5) 甩油、晾凉：将炸好的核桃仁倒入衬布的离心机内，趁热甩油 30～50 秒钟，然后倒在筛子上，吹风冷却。

(6) 撞皮、挑选：将冷却后的核桃仁放在撞皮机上，开机使皮衣脱落，时间 2～3 分钟。然后对核桃仁进行过筛挑选，筛孔径为 0.6 厘米。

(7) 蘸油、拌糖：将经挑选后的核桃仁放入拌糖机内，开动机器，加上少量花生油。按拌糖料配方将糖粉与食盐混合均匀，再撒在核桃仁上，拌匀。最后筛去多余未黏附的糖、盐粉。

(8) 分选、包装：对以上得到的核桃仁进行分拣，然后装瓶或装罐，密封，即得成品。

4. 产品特点

本品表层裹有一层糖、盐粉，甜咸可口，香酥脆爽，为美容小食。

(三) 甜酱核桃

1. 原料

核桃仁 2.2 千克，甜酱 100 克，白糖 2.78 千克，食盐 33 克，花生油 120 克，饴糖 220 克。

2. 工艺流程

选料→制核桃仁→淋酱糖→淋面糖→冷却→包装→成品

3. 制作方法

(1) 选料：选取无生虫、走油现象和无哈喇味的核桃仁为原料；甜酱要求色泽金黄，口味纯正；饴糖以色好味正的米饴糖为佳。

(2) 制核桃仁：先将核桃仁在90℃左右的水中过水约 1 分钟，再在 170℃～180℃ 的油中油酥 4～5 分钟即可，捞出滤干油。

(3) 淋酱糖：先用配料中白糖的10%熬制糖浆。糖与水的比例为 10∶2。糖浆的熬制温度为夏季 120℃～125℃，冬季 110℃～115℃。熬至应有温度时端锅，下甜酱，并搅拌均匀，用以淋裹核桃仁。

(4) 淋面糖：用配料中白糖的 90%熬制糖浆。糖与水的比例还是 10∶2。糖温至 110℃时，即可淋裹面糖，边淋边熬，让糖温继续升高。最后淋糖时的糖温，夏季不超过 135℃，冬季不超过 125℃。

淋酱糖和淋面糖时，操作要精细，速度要慢，使核桃仁裹糖均匀，保证质量。

（5）冷却、包装：待甜酱核桃冷却后，将其用塑料食品袋包装、密封。量少时，也可用干净、干燥瓶子装好，密封储存，随吃随取。

4. 产品特点

本品为酱黄色，糖衣与核桃仁结合紧密，酥脆化渣，香甜可口，略有酱香味，无核桃生涩味，为休闲小食佳品，有润肺、乌发的作用。

（四）琥珀甜核桃

1. 原料

核桃仁、白砂糖、液体葡萄糖、蜂蜜、柠檬酸、水、食用植物油。

2. 工艺流程

原料选择→去皮→上糖→炸制→冷却、甩油→包装→成品

3. 制作方法

（1）原料选择：挑选优质、无哈喇味的核桃仁为原料。

（2）去皮：先配置0.4%～0.8%浓度的碱液（氢氧化钠），将核桃仁泡入碱液中，碱液应淹没核桃仁，并加温至50℃～70℃，泡15～20分钟，即可脱去皮；然后用大量清水将核桃仁漂清至无异味。

（3）上糖：在锅中放2千克水，加5千克糖、0.5千克液体葡萄糖、0.2千克蜂蜜、30克柠檬酸，并以旺火加热。待糖全部溶解后，放入核桃仁，并改用文火煮制10～15分钟。糖液浓度达到75%以上时，出锅冷却到30℃左右。

（4）炸制：将植物油倒入油锅中加热至140℃～150℃，放入核桃仁油炸1～2分钟，待其呈琥珀黄色时出锅。

（5）冷却、甩油、包装：出锅后立即将其吹风冷却，并放入

离心机，甩油2～3分钟后，拣除破碎、焦烂品，将合格品装入包装袋，密封，即为成品。

4. 产品特点

本品为琥珀黄色颗粒，香脆，酸甜可口，营养丰富，为休闲养颜佳品。

（五）核桃芝麻糖

1. 原料

核桃仁500克，白糖350克，麦芽糖100克，花生油250克，熟芝麻100克。

2. 工艺流程

原料预处理→油炸→溶糖→和料→成型→切片→冷却→包装→成品

3. 制作方法

（1）原料预处理：将核桃仁放入沸水中浸泡，去表皮，再冲洗干净，沥去水。

（2）油炸：将核桃仁倒入温油中用小火炸制，再捞出备用。

（3）溶糖：先将油烧熟，再加白糖、麦芽糖，一直翻炒至糖溶化。

（4）和料：加入核桃仁、熟芝麻、糖，一并拌匀，和好后，倒入容器内。

（5）成型：混合料要趁热倒入事先涂有熟油的长方形容器内，用铲刀压平压紧，静置10分钟，反扣倒在案板上。

（6）切片：待其转硬尚温时切成薄片。

（7）冷却、包装：冷透后，用塑料食品袋或广口瓶装好，封闭，待食用。

4. 产品特点

本品酥脆、香甜，为休闲小食佳品。

（六）核桃酥糖

1. 原料

核桃 80 克，大豆 200 克，玉米 220 克，白砂糖 1000 克，饴糖 400 克，植物油 50 克，柠檬酸 0.5 克，水 350 毫升。

2. 工艺流程

原料预处理→混合粉碎→熬糖→掺粉→切分→造型→晾凉→包装→成品

3. 制作方法

（1）原料预处理

①大豆处理：选饱满、粒大、无霉变的大豆，在 80℃～90℃温度条件下烘烤 4 小时，去腥味，去皮。

②核桃处理：选新鲜、仁大饱满、无霉变的核桃去皮，在 10%的氢氧化钠碱液中沸腾 30 秒；再用清水冲洗去皮，于稀柠檬酸溶液中中和护色，并在 80℃～90℃温度下烘烤 2 小时。

③玉米处理：选整齐、粒大、无病虫、无霉变的玉米，利用机械摩擦去皮，在温度为 160℃～180℃，水分含量为 10%～16%，气压为 1MPa 的条件下挤压膨化（用膨化机）。

（2）混合粉碎：将以上经过处理的大豆、核桃仁、玉米进行混合，一起粉碎，放到 40℃～50℃的烘箱内保存、备用。

（3）熬糖：把水加入不锈钢锅内加热，然后放入白砂糖，溶化后加入饴糖；沸腾后过滤去杂，继续熬煮，加入植物油，并不断搅拌，待变黏后，加入柠檬酸；最后将糖浆升温至 160℃时即可。这时蘸取糖浆拉长能成薄纸状而不断裂，且凉后咬有脆响声。这一过程中，加柠檬酸是为了防止粘牙；加入植物油是起消泡作用，同时调节油脂，促使制品光亮。

（4）掺粉：将熬好的糖倒在刷好油的案板上压平，表面用 40℃～50℃的备用粉撒匀，而后将其折叠压平，再撒粉，重复操作直至糖皮呈薄纸状而不断裂为止。此操作应在最短时间内完成，备用粉温度不宜太高或太低，否则不利操作。

（5）切分、造型：将做好的糖切成大小合适的块，并将其拧成麻花。

（6）晾凉、包装：待制品晾凉后，即可包装，以防受潮，影响质量，随吃随取。

4. 产品特点

本品为白色或淡黄色螺旋体，形态完整，酥、脆、香、甜，不粘牙，实为休闲小食和馈赠佳品。

（七）炒小胡桃

1. 原料

小胡桃（即带壳小核桃）500 克，细盐 25 克，黄沙 400 克。

2. 工艺流程

小胡桃→沙炒→调味→晾凉→成品

3. 制作方法

（1）沙炒：把干净的黄沙放入锅内炒烫，放入小胡桃，不停地翻炒（火不要太急）。翻炒约 10～20 分钟后，取几粒砸开，如仁心已呈黄色即成。

（2）调味：先用热水将细盐化成一杯约 40 克重的浓盐水备用，待小胡桃炒好后，迅速过筛；将小胡桃倒入干盆中，随即将早先准备好的浓盐水倒入盆中，快速搅拌均匀。

（3）晾凉、成品：待晾凉后，方可食用。

4. 产品特点

本品外壳有盐霜，核桃仁呈黄色，去“衣”容易，入口香、松、脆。

（八）美容核桃乳

1. 原料

核桃仁 100 克，淀粉 1 小勺，白砂糖 80 克。

2. 工艺流程

选料→去皮→浸泡→磨浆过滤→调配→预热均质→杀菌→装瓶→成品

3. 制作方法

（1）选料：选取果实饱满、无虫、无霉变的核桃仁。

（2）去皮：可将 2%的氢氧化钠碱液加热至 95℃，将核桃仁放入其中浸泡 1 分钟左右，立即捞出，随后用大量清水冲洗，除去核桃仁种皮及残余的氢氧化钠碱液。

（3）浸泡：将去皮后的核桃仁用 35℃～40℃的温水浸泡 1.5～2 小时，使之胀润、软化，从而可提高蛋白质浸出率，并使制品色泽润白，细腻。

（4）磨浆过滤：按核桃仁与水的用量为 1∶8 的比例加水，将其送入磨浆机进行磨浆处理，并用 160 目的过滤网进行过滤（家庭也可用 2～4 层纱布过滤），除去核渣。为了防止核桃浆液发生褐变，可在磨浆用的水中加入 0.02%的维生素 C 和少许盐。

（5）调配：先将白砂糖、淀粉溶于适量温开水中，然后将其倒进核桃乳中混合并充分搅拌。

（6）预热均质：将调配好的核桃乳浆加热至 65℃左右，再倒入高速捣碎机或打浆机再打一次，以达均质目的。

（7）杀菌：将均质后的混合核桃乳浆液迅速倒入不锈钢锅里加热，至沸即可。

（8）装瓶：趁热装耐温瓶，盖严，晾温即可饮用。

4. 产品特点

本品为乳状液，香甜适口，有补气养血、补肾益智、润燥化痰、温肺润肠及养颜美容之功效。因家庭制作未加化学添加剂，久放会有油层出现，不影响产品质量，可将其摇匀后再饮。

注意：腹泻者忌饮用。

（九）多味葵花子

1. 原料

葵花子 5 千克，大料 90 克，桂皮 100 克，甘草 15 克，盐 250 克，蛋白糖 5 克，水 7.5 千克。

2. 工艺流程

原料预处理→调汁→煮制→晾凉→烘干脱皮→冷却→包装→成品

3. 制作方法

（1）原料预处理：挑选粒大、饱满的葵花子为原料，用清水洗净尘土泥沙后将其离心甩干，备用。

（2）调汁：把大料、桂皮、甘草等香料用纱布袋装好，放入适量开水于锅中煮沸 15 分钟左右，再加入蛋白糖、食盐和水，搅动溶化，即为多味汁。

（3）煮制：把葵花子倒入多味汁，用小火连续煮沸 2.5 小时左右，直到葵花子已经涨起，锅里的水溶液也基本干了为止。在此期间，注意要勤加翻动，特别是到最后，要防汁干烧糊。

（4）晾凉：把煮好的葵花子捞出晾凉。如果就热烘干，香味易挥发。

（5）烘干脱皮：将晾凉的葵花子放进烘干脱皮机中烘干，并脱下葵花子外边的那层黑皮。如果没有这种机器，放入黄豆脱皮机内搅拌脱皮亦可。然后再用锅炒干，也可放入烘箱烘干或放在阳光下晒干。

（6）冷却、包装：出烘箱后，待其冷却再进行包装，即为成品。

4. 产品特点

本品外壳为浅黄色或白色，香、甜、咸，味道多样。可根据个人喜爱，增减蛋白糖和食盐用量；还可加入辣椒或胡椒，以增加辣味。

（十）五香葵花子

1. 原料

葵花子1000克，食盐50克，五香粉、桂皮粉各10克，鸡精、甜蜜素各2克。

2. 工艺流程

原料预处理→腌渍→捞出晾干→炒制→晾凉→过筛→包装

3. 制作方法

（1）原料预处理：将葵花子洗净，捞出晾干。

（2）腌渍：在一容器中，加进食盐、甜蜜素、五香粉、桂皮粉、鸡精和开水（1千克），搅匀。倒入葵花子，以被水淹没为度，盖好盖。浸泡10个小时，中间翻动5～6次。

（3）捞出晾干：将浸泡好的葵花子捞出来，晾干水分。

（4）炒制、晾凉：先将锅烧热，用中火将瓜子慢慢炒香或用烘箱烤香；待瓜子噼啪作响时，再快炒5分钟即离火，摊开，冷却。

（5）过筛：待瓜子炒香冷却后，再过筛，除去小的杂质。

（6）包装：保存要防潮，包装好后即为成品。

4. 产品特点

本品香脆可口，越吃越香，五香味浓郁。

（十一）奶香葵花子

1. 原料

葵花子1千克，精盐30克，温水500克，甜蜜素1克，开水 100 克，奶油香精几滴。

2. 工艺流程

选料→浸泡→沙炒→筛沙→调香→包装→成品

3. 制作方法

（1）选料：选出颗粒大、饱满、无虫蛀的葵花子为原料，拣去空壳和杂物。

（2）浸泡：先把盐溶于温水中，再倒入葵花子，浸泡 10 分钟；随后再将其倒入淘箩内沥干水，摊开过夜。

（3）沙炒、筛沙：第二天将 1 千克干净黄沙放在锅内炒热，再倒入沥干水分的葵花子；将其炒至微黄时出锅，筛去沙子。

（4）调香：预先将甜蜜素溶于开水中，滴进几滴奶油香精，制成香料水；然后用喷雾器将香料水均匀地喷洒到已筛去沙子的热葵花子上，稍凉，即成为奶油葵花子。

（5）包装：包装，密封，即为成品。

4. 产品特点

本品为微黄色子粒，奶油香浓郁，咸甜可口，外壳易剥，松脆诱人。

（十二）炒白瓜子

1. 原料

白瓜子 1 千克，精盐 50 克，白糖 20 克，粗黄沙 500 克。

2. 工艺流程

选料→盐水浸泡→阴干→沙炒→过筛→晾凉→包装→成品

3. 制作方法

（1）选料：选择无霉烂、颗粒饱满的白瓜子为原料，剔除霉烂粒和空壳及其他杂质。

（2）盐水浸泡、阴干：先把精盐化成一杯约 80 克重的浓盐水，倒入瓜子内搅拌均匀。待 5～6 小时后，瓜子阴干，即可待炒。

(3) 沙炒：预先将白糖化成一杯糖水，再把粗沙放入锅内炒干，炒烫；然后把糖水倒入，炒匀；等糖烟刚一冒出，速将瓜子放入，不停地翻炒（要用旺火）；待瓜子噼啪作响，并成金黄色时，即离火。

(4) 过筛：迅速将瓜子倒入筛内，筛净沙即成。

(5) 晾凉、包装：待瓜子凉透，马上用塑料食品袋或瓶子装好，盖紧防潮，随吃随取。

4. 产品特点

本品外壳金黄，香脆可口。

（十三）怪味白瓜子仁

1. 原料

去壳白瓜子、调料、水，料水比例为1∶6。

2. 工艺流程

称量→配料→煮沸→烘烤→包装→成品

3. 制作方法

(1) 称量、配料：称取去壳白瓜子150克，调料和水。调料配方（单位：克）为白糖10，食盐10，醋酸2.5，花椒0.3，大料1.3，桂皮0.5，胡椒粉1.0，味精0.2，水156。

(2) 煮沸：将上述配方料和水一并搅匀，加热煮沸5分钟，再浸润2小时，晾干。

(3) 烘烤：采用微波炉烘烤6.5～8分钟即可。

(4) 包装：待瓜子仁凉透，马上包装密封，即为成品。

4. 产品特点

本品绿中略带微黄，香脆可口，酸、咸、甜、香、辣五味齐全，不用剥壳，为休闲小食佳品。

（十四）椒盐南瓜子

1. 原料

南瓜子 1000 克，食盐 150 克，花椒粉 50 克，开水 500 克，粗砂若干。

2. 工艺流程

选料→上味→晒干→沙炒→过筛→冷却→包装→成品

3. 制作方法

（1）选料：必须选取颗粒饱满、无霉烂、无破壳、无空壳的南瓜子为原料。

（2）上味：先将食盐、花椒粉放在盆中，冲入开水，倒进南瓜子拌匀，并静置 5 分钟（中间翻动 2 次）。

（3）晒干：将入味瓜子取出，摊在晒席上晒干。

（4）沙炒：用旺火将洁净的沙粒炒热，再将南瓜子倒进炒沙粒的锅内翻炒，至瓜子炒出噼啪响声时，再炒 5 分钟左右，即可离火。

（5）过筛：用筛子将南瓜子中的沙子筛去。

（6）冷却、包装：将筛好的南瓜子摊开，待其冷却后，即可进行包装，即成炒椒盐南瓜子。

4. 产品特点

本品颗粒饱满，大小均匀，食后满口生香，略感麻味，余味无穷。

（十五）多味南瓜子

1. 原料

南瓜子 1000 克，食盐 50 克，桂皮 5 克，茴香 10 克，甜蜜素 2 克，味精 2 克。

2. 工艺流程

选料→和料→煮制→调味、晾凉→烘干或晒干→包装

3. 制作方法

(1) 选料：精选当年新产的瓜子，无虫蛀、霉变，颗粒饱满，通过风力吹选与过筛，剔除次品及杂物，水洗后备用。

(2) 和料：将洗净的瓜子加上盐、甜蜜素、桂皮、茴香和适量水，搅匀，水以淹没瓜子为度。

(3) 煮制：加热煮沸，煮至汤汁基本烧干即可。中间要翻动2～3次，以免糊锅。

(4) 调味、晾凉：最后加入味精，搅拌均匀后，出锅，摊开晾凉。

(5) 烘干或晒干：将上述瓜子烘干或晒干，越干越便于久存。

(6) 包装：用食品塑料袋或洁净干燥瓶子封装，随吃随取。

4. 产品特点

本品咸、甜、鲜、香，颗粒饱满，越吃越爱吃，有打虫作用。

(十六) 甘草西瓜子

1. 原料

西瓜子5千克，植物油30克，食盐300克，甘草30克。

2. 工艺流程

原料预处理→炒制→拌料→闷制→包装→成品

3. 制作方法

(1) 原料预处理：挑选颗粒完整、饱满的西瓜子，去除杂质、翘板和瘪子，投入冷水中清洗干净，沥干水。再把盐和甘草兑上1200克水，烧制半个小时，滤去甘草备用。

(2) 炒制：将瓜子入锅炒制，开始时火力要旺，火头集中在

灶膛的前边。每炒一锅都需加油，油分 3 次使用，每次使用 1/3。瓜子下锅时加第一次油；当瓜子所含水分炒干时再加第二次油，只是火力转小；炒到瓜子肉色如同象牙色时，迅速加上第三次油，然后立即起锅。

（3）拌料、闷制：起锅后，待瓜子摊开凉透后，将甘草、盐水拌入，并盖上干净布闷 2 小时即可。

4. 产品特点

本品表面油亮，带咸味，又有甘草之甘甜，子脆易磕。

（十七）香草西瓜子

1. 原料

大粒西瓜子 5 千克，熟油 100 克，食盐 150 克，甜蜜素 5 克，香草香精 5 克。

2. 工艺流程

原料预处理→炒制→调香→包装→成品

3. 制作方法

（1）原料预处理：去除杂质、翘板和瘪子。把瓜子投入冷水中清洗后沥干水。

（2）炒制：先将食盐和甜蜜素溶于水中，备用；再把锅置火上，下瓜子，炒熟后放一半油，边炒边加一半盐水和甜水，不停炒拌，这不仅可让瓜子入味，还可起润滑作用，使色泽良好；炒到接近熟时，再把余下的油、盐水和甜蜜素水一起加入，继续炒到干燥。炒制的火候以先旺后缓为好。

（3）调香、包装：炒干后，出锅晾凉时，喷上香精即成。将其装入食品塑料袋或瓶子中，封好，备食用。

4. 产品特点

本品外壳油黑光亮，口感咸甜，香味浓郁。

（十八）五香辣瓜子

1. 原料

西瓜子 1 千克，食盐 200 克，大料 10 克，桂皮 10 克，花椒 5 克，茴香 5 克，红干辣椒 2 只，食油适量。

2. 工艺流程

冲石灰水→浸泡瓜子→清洗→配料煮制→再调味→文火煮熟→浸渍→翻炒→拌油→冷却→包装→成品

3. 制作方法

(1) 冲石灰水：先将 20～30 克的生石灰块加 2 千克水冲开搅匀，待搅散后，除去灰渣。

(2) 浸泡瓜子：把瓜子倒入生石灰水中，进行搓洗或数次搅拌后，泡在水中 5～6 小时。

(3) 清洗：待瓜子表面的黏状物都析出水中，将瓜子捞出，用清水把壳外层黏质洗净，并用清水漂洗 1～2 次，沥干水。

(4) 配料煮制：在锅内加水 2～3 千克，放入洗净的瓜子，加旺火把水烧开，加进装有大料、桂皮、花椒和茴香的纱布包，继续煮半个小时。

(5) 再调味、文火煮制：捞上几粒瓜子，用指按挤，如瓜子口露出水滴，即可放入食盐和干辣椒，改用文火继续煮 2 小时。

(6) 浸渍：将煮好的瓜子在原汤内浸泡数小时，捞出沥干水。

(7) 翻炒、拌油：再放入锅中翻炒几遍，待瓜子表皮无水珠时，再边炒边加进适量熟油，拌匀，离火。

(8) 冷却、包装：将炒好的瓜子摊开晾凉，然后用食品塑料袋包装起来即可，随时可食用。

4. 产品特点

本品香味浓郁，子脆，壳好嗑，麻辣咸香，风味好，为休闲零食佳品。

（十九）玫瑰西瓜子

1. 原料

西瓜子 5 千克，红糖 150 克，甜蜜素 0.5 克，玫瑰油 20 克，食油少许。

2. 工艺流程

瓜子预处理→炒制→调味→调香→冷却→包装→成品

3. 制作方法

（1）瓜子预处理：先将西瓜子除去杂质、翘板和瘪子，用冷水清洗干净，再沥干水。

（2）炒制：在锅里放入少量食油，倒入瓜子，以旺火炒至瓜子烫手后，改用文火。

（3）调味：在文火炒制过程中进行调味，边炒边洒入溶有红糖、甜蜜素和食油的混合调味液，并快速翻炒。

（4）调香：直炒到瓜子肉泛黄为止，拌上玫瑰油，再加适量熟素油，立即起锅，摊凉。

（5）冷却、包装：待完全冷却后，装入塑料袋即可。

4. 产品特点

本品瓜壳油亮，瓜肉呈象牙色，香脆可口，有明显的玫瑰香味，是久食不厌的休闲零食。

（二十）酱油黑瓜子

1. 原料

大片黑瓜子 1 千克，酱油 120 克，大茴香、桂皮、薄荷各 10 克，石灰 20 克。

2. 工艺流程

制石灰水→泡瓜子→漂洗→和料→煮制→摊晒→去杂→包

装→成品

3. 制作方法

（1）制石灰水：将石灰加清水1千克，搅匀，溶化，去渣，取用石灰水。

（2）泡瓜子：将瓜子倒入上述石灰水中，浸泡5小时（以水淹没瓜子为度）。

（3）漂洗：将瓜子捞出，用清水漂洗，除净黏液后，捞出备用。

（4）和料：把捞出的洁净瓜子放入锅内，加入大茴香、酱油、桂皮、薄荷和水。

（5）煮制：加热煮沸，烧至汤水快干时，将锅离火，捞出瓜子。

（6）摊晒、去杂、包装：将捞出的瓜子沥干余汁，放竹筛上摊开，晒至干燥酥脆时即可包装为成品了。

4. 产品特点

本品为黑色酱瓜子，五香酱油香味浓郁，口感酥脆可口，为休闲时好零食。

（二十一）五香奶油瓜子

1. 原料

生黑瓜子1千克，食盐5克，八角、桂皮各2克，良姜5克，甘草3克，茴香1克，甜蜜素、香兰素、奶油香精各少许。

2. 工艺流程

配料→制卤→炒制→蘸卤、晾干→调香→包装→成品

3. 制作方法

（1）配料、制卤：按配方将各种配料下锅用清水煮沸，煮沸后，转文火煮成卤汁。注意要使卤汁一直保持在微沸状态。八角、桂皮、茴香等配料要装入洁净纱布袋，扎紧袋口同煮。

（2）炒制：先用旺火将锅内净砂烧热，再把黑瓜子投入锅内沙炒，大锅小炒，每锅 20～30 秒钟，使瓜子均匀受热，再一次性出锅。

（3）蘸卤：瓜子炒熟后，迅速出锅，然后筛去沙子，尽快蘸卤。把熟瓜子浸泡在微沸的卤汁中，待卤汁快被吸收干时，即出锅。

4. 产品特点

本品具有芳香，咸甜适度，口感酥脆。

（二十二）十香黑瓜子

1. 原料

黑瓜子 1 千克，食盐 120 克，石灰 10 克，大茴香 15 克，薄荷 15 克，山楂 10 克，桂皮 10 克，小茴香 3 克，公丁香 3 克，甘草 10 克。

2. 工艺流程

原料预处理→浸泡→煮制→浸渍→过滤→摊晒→包装→成品

3. 制作方法

（1）原料预处理：将薄荷、山楂、桂皮、花椒装进一小布袋，扎紧袋口备用。

（2）浸泡：将瓜子置于盆中，放清水浸过瓜子，然后加石灰搅拌；浸泡 10 小时左右，捞出；再用清水冲洗瓜子表面黏液，滤干备用。

（3）煮制：取清水 300 克入锅，煮沸后，加入上述配料袋；以文火煮 30 分钟后，将瓜子投入煮沸；再放入盐拌匀，盖严锅盖，焖煮 1 小时。

（4）浸渍：再加入大茴香、小茴香、公丁香和甘草，搅匀，熄火后静置 1 夜。

（5）过滤、摊晒、包装：次日清晨拣出配料袋，滤出瓜子。

将其摊晾在竹席上，晒至酥脆时，即可进行包装，则为十香黑瓜子。

4. 产品特点

本品香料多种，故香味浓郁，口感酥脆，为休闲常用零食。

（二十三）保健瓜子

1. 原料

人参7克，黄芪10克，五味子6克，甘草15克，精盐120克，八角15克，茴香粉15克，桂皮20克，丁香2克，蔗糖30克，葵花子1千克。

2. 工艺流程

原料预处理→煮中草药液→煮配料液→和料→煮制→烘干→调味→冷却→包装→成品

3. 制作方法

（1）原料预处理：将原料瓜子筛选水洗后，放入烘干机烘25分钟。

（2）煮中草药液：将配方中前4种中草药液洗净切碎，投入1.3千克水中，入锅内以文火煮沸3小时，除药渣，取1千克，即为中草药液。

（3）煮配料液：将配方中的八角、茴香粉、桂皮和丁香洗净后，放进锅中加1.5千克水，用文火煮沸1.5小时，除渣，称取1千克，即为配料液。

（4）和料：将中草药液及配料液混合，加入蔗糖和精盐，溶解配成煮液。

（5）煮制：将1千克瓜子投入煮液，用文火煮沸2～2.5小时。

（6）烘干：将煮好的瓜子出锅，送入烘干机，脱去90%的水分。

（7）调味、冷却、包装：在瓜子表面洒上少许芝麻油和蔗糖液，待晾凉后进行包装，即为成品。

4. 产品特点

本品有补气健身、理气止痛作用，香甜酥脆，口感甚好。但本品辅料多为性温，故凡有热证及阴虚火旺者均不宜多吃，以免上火更严重。

畜禽饲料基础与科学应用 5.5元
蔬菜配送与超市经营 5.5元
高山反季节蔬菜栽培技术 5.0元
塑料大棚的类型与应用 7.0元
柑橘修剪新技术 8.0元
主要果树周年管理技术 12.0元
优良果树新品种推介 16.0元
常用水产饲料、渔药品质识别与使用技术 6.0元
水库生态渔业实用新技术 8.5元
优质高效山塘养鱼新技术 5.0元
芽苗菜生产技术 6.0元
畜禽养殖场规划与设计 8.0元
家畜品种改良实用技术 13.0元

野生动物家养系列丛书

驼鸟家养技术 7.0元
孔雀家养技术 7.0元
野猪家养技术 7.0元
野鸡野鸭家养技术 7.5元

无公害种植新技术丛书

茄果类蔬菜无公害栽培技术 8.0元
瓜类蔬菜无公害栽培技术 10.5元
豆类蔬菜无公害栽培技术 8.0元
水稻无公害高效栽培技术 8.0元
特色红薯高产栽培技术 8.5元

其　他

无公害农产品认证手册 25.0元
发酵床养猪新技术 25.0元
草业技术手册 22.0元
花木经纪指南 15.0元
木材材积手册 11.0元
实用家庭节能妙招 16.0元

邮购须知

▲请用正楷清楚填写详细地址、邮编、收件人、书名、册数等信息。我们将在收到您汇款后的三个工作日之内给您寄书（汇款至收书约20天左右，节假日除外）。

▲凡邮购都可享受9折优惠，购书数量多者可享受更多优惠。读者一次性购书30.00元以下（按打折后实款计算），仅须支付邮费3.00元；一次性购书30.00元以上免邮资。

▲邮购服务热线：0731－84375808，84375842。传真：0731－84375844。联系人：曾曲龙金凤，邮箱：hnkjchs@126.com

▲邮局汇款：邮编410008　湖南长沙市湘雅路276号　湖南科学技术出版社邮购部